国家改革和发展示范学校建设项目
课程改革实践教材
全国中职汽车专业实用型规划教材

汽车
机械识图

主　　编　雷达勇

副主编　贺德友　陈　靖　蒋金局　黄伟锋

编　　者　李小凤　李华丽　陈　虹

哈爾濱工業大學出版社
HARBIN INSTITUTE OF TECHNOLOGY PRESS

内 容 简 介

本教材是交通运输类专业的必修课程。本课程着重研究汽车机件的表达,是一门理论性、实践性、综合性、应用型课程。主要内容包括:平面图形的画法、国家标准的认识、三视图的形成及画法、轴测图的形成及画法、机件的常用表达法、常用零件图表达方法、常用装配图表达方法、第三角画法、展开图、焊接图等特殊表达法。本教材适用于中等职业学校汽车类专业使用,也可作为相关从业人员的培训教材。

图书在版编目(CIP)数据

汽车机械识图/雷达勇主编. —哈尔滨:哈尔滨工业
大学出版社,2014.8
ISBN 978 - 7 - 5603 - 4871 - 1

Ⅰ.①汽… Ⅱ.①雷… Ⅲ.①汽车-机械制图-识
别-高等学校-教材 Ⅳ.①U463

中国版本图书馆 CIP 数据核字(2014)第 174388 号

责任编辑 范业婷
出版发行 哈尔滨工业大学出版社
社　　址　哈尔滨市南岗区复华四道街 10 号　邮编 150006
传　　真　0451 - 86414749
网　　址　http://hitpress.hit.edu.cn
印　　刷　三河市越阳印务有限公司
开　　本　850mm×1168mm　1/16　印张 17　字数 465 千字
版　　次　2014 年 8 月第 1 版　2014 年 8 月第 1 次印刷
书　　号　ISBN 978 - 7 - 5603 - 4871 - 1
定　　价　35.00 元

前　言

近年来,我国汽车工业迅速发展,汽车的拥有量大幅提高,对汽车制造、维修、保养等专业技能型人才的需求与日俱增。为适应市场对汽车专业技能型人才的素质要求,根据职业技术教育汽车类专业机械识图课程大纲及最新颁布的《技术制图》和《机械制图》国家标准编写了本教材。

本教材以"做中学,做中教"的职业教育理念为指导,以项目引领、任务驱动的方式呈现。每个项目开始时先介绍了本项目的主要学习内容。每个任务初步按照 90 分钟(即 2 个课时)的内容量进行设计,在配套的练习册上有一一对应的练习题。在内容上,既注重知识的实用性,又体现汽车专业的特殊性,力求知识系统、循序渐进、强化应用。编写过程中,结合职业学校学生特点,力求做到以读图为主,读画结合,反复训练,并通过图例来阐明概念,将基础知识和理论融入大量实例之中,文字简练、通俗易懂,教师好教,学生乐学。

本教材是交通运输类专业的必修课程。本课程着重研究汽车机件的表达,是一门理论性、实践性、综合性、应用型课程。主要内容包括:平面图形的画法、国家标准的认识、三视图的形成及画法、轴测图的形成及画法、机件的常用表达法、常用零件图表达方法、常用装配图表达方法、第三角画法、展开图、焊接图等特殊表达法。本教材适用于中等职业学校汽车类专业使用,也可作为相关从业人员的培训教材。

在本教材的编写中参阅了相关教材和专著,并吸收相关成果,在此特作说明,并向有关作者表示衷心的感谢!

由于编写时间仓促加之编者水平有限,书中难免有不当之处,恳请各位读者、同行和专家批评指正,以期进一步修订和完善,编者不胜感激。

编　者

目录

CONTENTS

CONTENTS

模块 1

绘制汽车轮毂平面图

【知识目标】

1. 了解图纸幅面、格式、比例的规定。
2. 了解工程图中常用字体种类、规格及注写方法。
3. 熟悉常用的绘图工具及机械制图国家标准的基本规定。

【技能目标】

1. 掌握各种图线的形式、主要用途及其画法。
2. 掌握常用绘图工具的使用方法。
3. 掌握平面图形的尺寸和线段分析方法。
4. 掌握等分圆周的绘制方法与步骤。

【模块任务】

绘制汽车轮毂平面图。

 # 任务 1.1　绘制定位块平面图

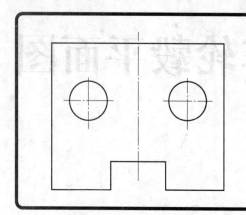

左图定位块座是常见的平面图形。绘制该图形运用了粗实线、细点画线等图线,本任务的目的是利用学习的制图基本规定,用幅面为 A4 的图纸绘制该平面图。

国家标准简称国标,汉语拼音字母"GB"表示强制性国家标准,"GB/T"表示推荐性国家标准,"GB/Z"表示指导性国家标准。如《技术制图　图纸幅面和格式》(GB/T 14689—2008)为图线的标准,其中 14689 表示该标准的编号,2008 表示该标准是 2008 年颁布的。绘制图样时必须严格遵守国家标准的相关规定。

图样在国际上也有统一的标准,即 ISO 标准,这个标准是国际标准化组织制定的。我国在 1978 年参加国际标准化组织后,为了加强与世界各国的技术交流,国家标准的许多内容已经与 ISO 标准相同了。

1.1.1　作图工具

1.图板和丁字尺

图板是木质的矩形板,工作表面应平坦,左右两导边应平直。图纸可用胶带纸固定在图板上。丁字尺的尺头和尺身的结合处必须牢固。尺头的内侧面必须平直,用时紧贴图板的导边,使尺身的工作边处于良好的位置。丁字尺主要用来画水平线,画水平线时,用左手按着尺头,如图 1.1 所示。

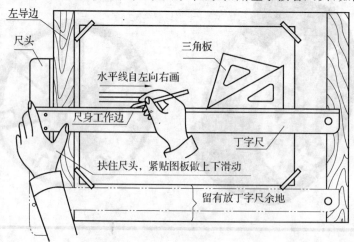

左导边
尺头
三角板
水平线自左向右画
尺身工作边
丁字尺
扶住尺头,紧贴图板做上下滑动
留有放丁字尺余地

图 1.1　丁字尺、图板和三角板

2. 三角板

画图时最好有一副规格不小于 30 cm 的三角板。它和丁字尺配合使用,可画出垂直线、30°、45°、60°以及 $n\times15°$ 的各种斜线和平行线,如图 1.2 和图 1.3 所示。三角板和丁字尺应经常用细布揩拭干净。

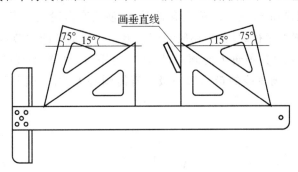

图 1.2　丁字尺和三角板配合画各种角

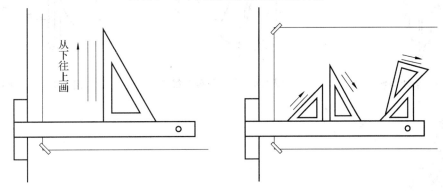

图 1.3　丁字尺和三角板配合画斜线、平行线

3. 铅笔

绘图铅笔的铅芯有软硬之分,可分为软(B)、硬(H)和中性(HB)三种。B 前数字越大,表明铅芯越软;H 前数字越大,表明铅芯越硬。

(1)粗线铅笔的修磨和使用。

粗实线是图样中最重要的图线,为了把粗实线画得均匀整齐,关键要正确地修磨和使用铅笔,绘制粗实线的铅笔铅芯以 HB 或 B 的硬度为宜。将铅芯修理成长方体形,如图 1.4(a)所示。使用时用矩形的短棱与纸面接触,矩形铅芯的宽侧面和丁字尺或三角板的导向棱面贴紧,用力要均匀,速度要慢,一遍画不黑可重复运笔。

(2)细线铅笔的修磨和使用。

画细实线、虚线、点画线等细线所用的铅笔铅芯以 H 或 2H 的硬度为宜,将铅芯修理成圆锥形,如图 1.4(b)所示。当铅芯磨秃后要及时修磨,修磨方法如图 1.4(c)所示,不要凑合着画。绘制虚线和点画线时,初学者要数丁字尺或三角板上的毫米数,这样经过一段时间的练习后,画出的虚线或点画线的线段长度才能整齐相等。

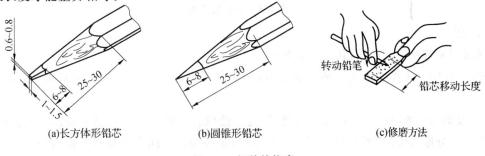

(a)长方体形铅芯　　　　(b)圆锥形铅芯　　　　(c)修磨方法

图 1.4　铅笔的修磨

4. 分规和圆规

分规是等分线段、移置线段以及从尺上量取尺寸的工具。它的两个针尖必须平齐,如图 1.5 所示。通过调整分规两腿开度,可等分线段(图 1.6)和截取尺寸(图 1.7)。

圆规的钢针有两种不同的针尖。画圆或圆弧时,应使用有台阶的一端,此时钢针略长于铅芯,并把它插入图板中。随着圆弧半径的增大,还应调整铅笔插腿和钢针的关节,使它们均垂直于纸面。画图方法如图 1.8 所示,圆规略向前进方向倾斜,以便均匀用力。画粗实线圆时,为了得到较满意的效果,圆规插腿上的铅芯应比画直线的铅芯软一级。若需画特大的圆或圆弧,可将延伸杆接在圆规上使用。

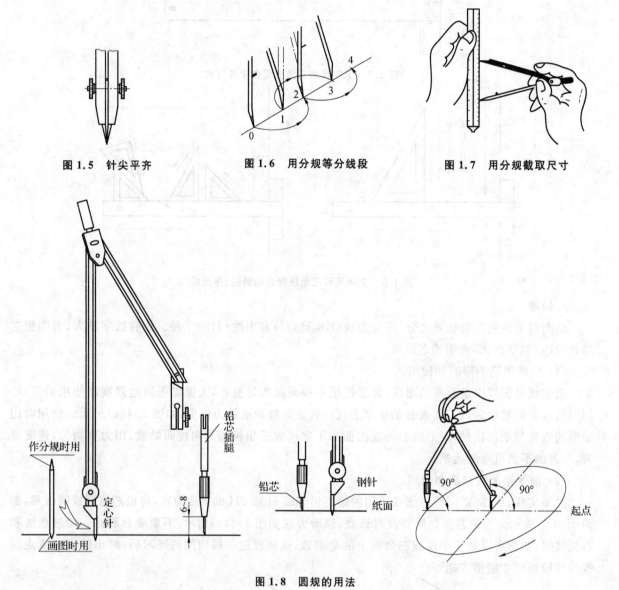

图 1.5 针尖平齐　　图 1.6 用分规等分线段　　图 1.7 用分规截取尺寸

图 1.8 圆规的用法

5. 曲线板

曲线板用来描绘非圆曲线,其用法如下:

首先,用作图方法找出曲线上的足够数量的点,徒手轻轻地将各已知点连成曲线,如图 1.9(a)所示。

其次,根据曲线的曲率大小及其变化趋势,选择曲线板上曲率吻合的部分分段,并自曲率半径较小的地方开始分段描绘,如图 1.9(b)所示。描绘时,最好能有三四个已知点与曲线板上的曲线重合,但不宜全都描完。

最后，根据曲线变化趋势选用曲线板的另一段，使其与曲线上的3、4、5、6等点重合，只描其中的一段。注意要使前后描绘的两段曲线有一小段重合，以保证曲线光滑，如图1.9(c)所示。

重复上述步骤，直到将曲线描完为止。

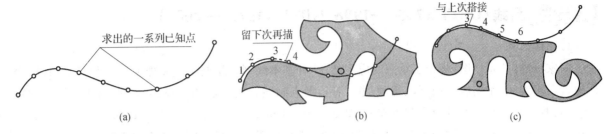

（a）　　　　　　　　　　　（b）　　　　　　　　　　　（c）

图 1.9　曲线板用法

1.1.2　字体（GB/T 14691—2005）

1. 汉字

图样上的汉字应写成长仿宋体，并采用国家正式公布推行的简化字。汉字的高度h应不小于3.5 mm，其字宽一般为$h/2$。字体高度的公称尺寸系列为1.8 mm、2.5 mm、3.5 mm、5 mm、7 mm、10 mm、14 mm、20 mm八种，如需书写更大的字，其字体高度应按2的倍数递增。字体高度代表字体的号数。

长仿宋体汉字书写的特点是：横平竖直、起落有锋、粗细一致、结构匀称。在图样中，字母和数字可写成斜体或直体，斜体字字头向右倾斜，并与水平基准线成75°角。

2. 数字和字母

数字和字母分为A型和B型。A型字体的笔画宽度d为字高h的1/14；B型字体的笔画宽度d为字高h的1/10。

同一图样中只允许用同一种字体，建议数字和字母均采用B型字体。字母和数字示例如图1.10～1.13所示。

图 1.10　拉丁字母（B型斜体）示例

图 1.11　阿拉伯数字（B型斜体）示例

图 1.12　罗马数字（B型斜体）示例

采用计算机绘图时，其字体规定参照《机械制图用计算机信息交换常用长仿宋矢量字体》（GB/T 13362.4—92）执行，即数字、字母一般应斜体输出，汉字输出时一律采用直体。

10JS5(± 0.003)　　M24-6h　　$\phi25$　　$\dfrac{H6}{m5}$　　$\dfrac{II}{2:1}$　　$\dfrac{B—B}{5:1}$　　$\sqrt{}$ Ra 6.3　　R8　　5%　　$\sqrt{}$ 3.50

图 1.13　综合应用示例

1.1.3 图线(GB/T 17450—1998,GB/T 4457.4—2002)

1. 图线形式

国家标准《技术制图》规定了绘图时应用的 15 种基本线型。绘制机械图样使用 9 种基本图线(表 1.1),即:粗实线、细实线、双折线、虚线(粗、细)、细点画线、波浪线、粗点画线、双点画线。粗线的宽度(d)可根据图形的大小和复杂程度在 0.13 mm、0.18 mm、0.25 mm、0.35 mm、0.5 mm、0.7 mm、1 mm、1.4 mm、2 mm 范围内选取。机械制图中通常采用粗、细两种线宽,其比例关系为 2:1。

表 1.1　常用图线及主要用途

序号	线型	名称	一般应用
1		细实线	过渡线、尺寸线、尺寸界线、剖面线、指引线、螺纹牙底线、辅助线等
2		波浪线	断裂处边界线、视图与剖视图的分界线
3		双折线	断裂处边界线、视图与剖视图的分界线
4		粗实线	可见轮廓线、相贯线、螺纹牙顶线等
5		细虚线	不可见轮廓线
6		粗虚线	表面处理的表示线
7		细点画线	轴线、对称中心线、分度圆(线)、孔系分布的中心线、剖切线等
8		粗点画线	限定范围表示线
9		双点画线	相邻辅助零件的轮廓线、可移动零件的轮廓线、成形前轮廓线等

细虚线和粗虚线的画长为 $12d$,短间隔长为 $3d$。细点画线、粗点画线和双点画线的长画长为 $24d$,短间隔长为 $3d$,点长不超过 0.5d。图线应用示例如图 1.14 所示。

通常情况下,粗线采用 0.7 mm,细线采用 0.35 mm。

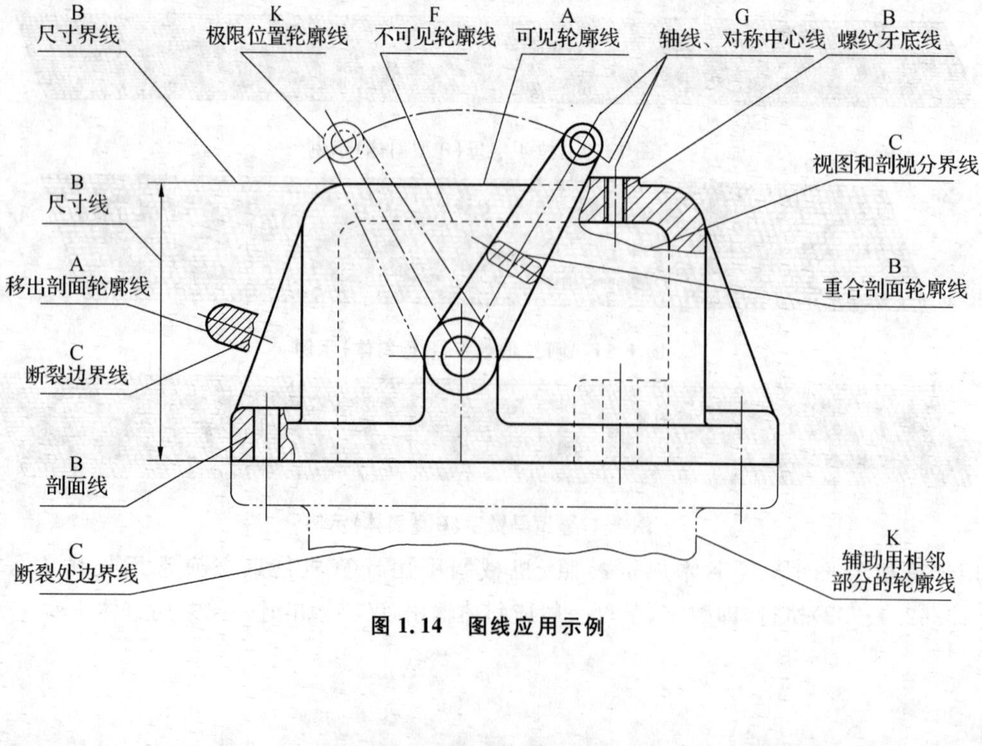

图 1.14　图线应用示例

2. 图线的绘制

图线的画法如图 1.15 所示。

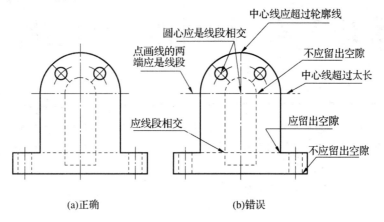

(a)正确　　　　　　　　(b)错误

图 1.15　图线的画法示例

（1）画圆的中心线时，圆心应是画的交点，点画线两端应超出轮廓 2～5 mm，当圆较小时，点画线可用细实线代替。

（2）虚线、点画线应交于画线处。

（3）虚线圆弧与实线相切时，虚线圆弧应留出间隙。

（4）虚线直接在实线延长线上时，虚线应留出间隙。

任务实施

过程	图例	过程	图例
步骤一： 在图框内用细点画线绘制作图基准线		步骤三： 绘制两个小圆	
步骤二： 用细实线绘制图形外轮廓		步骤四： 检查无误后用粗实线加深图线	

任务1.2 绘制挡块平面图

　　常见的地图是将实际测量的尺寸按照一定的比例缩小，并绘制到标准图纸上。同样，在绘制机械图样时也常常要将测量到的尺寸进行缩小、放大或按原值进行绘制。本任务的目的是利用学习的制图基本规定，用 1∶1、1∶2 或 2∶1 等不同的比例在幅面为 A4 的图纸上绘制挡块平面图。

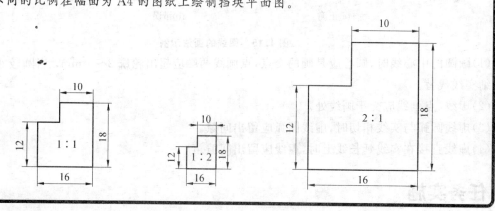

1.2.1 图纸幅面及格式(GB/T 14689—2008)

1.图纸幅面

　　图纸幅面指的是图纸宽度与长度组成的图面。绘制技术图样时应优先采用 A0、A1、A2、A3、A4 5 种规格尺寸，见表 1.2 中规定的基本幅面 $B \times L$。这 5 种基本幅面中，各相邻幅面的面积大小均相差一倍。如以长边对折裁开，A1 是 A0 的一半，其余后一号是前一号幅面的一半，一张 A0 图纸可裁 $2n$ 张 n 号图纸(图 1.16)。绘图时图纸可以横放或竖放。

表 1.2　图纸幅面及图框尺寸　　　　　　　　　　　　　　　　　mm

幅面代号		A0	A1	A2	A3	A4
幅面尺寸 $B \times L$		841×1 189	594×841	420×594	297×420	210×297
周边尺寸	e	20			10	
	c	10			5	
	a	25				

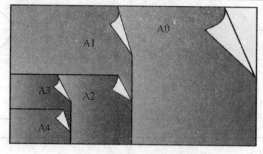

图 1.16　图纸幅面的面积关系

2.图框格式

图纸上限定绘图区域的线框称为图框。在图纸上必须用粗实线画出图框,其格式分留有装订边(图 1.17)和不留装订边(图 1.18)两种,其周边尺寸见表 1.2。使用时,图纸可以横放(X 型图纸,图 1.17(a),图 1.18(a)),也可以竖放(Y 型图纸,图 1.17(b),图 1.18(b))。同一产品的图样只能采用同一种格式。

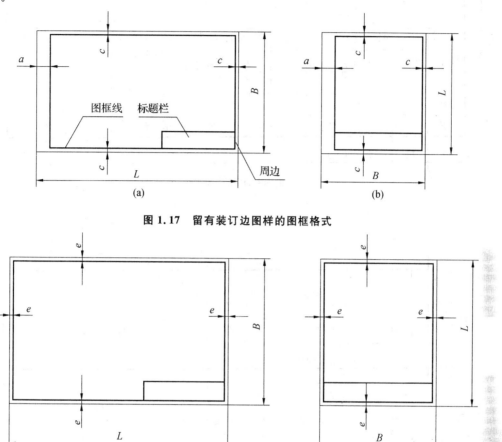

图 1.17 留有装订边图样的图框格式

图 1.18 不留装订边图样的图框格式

3.标题栏(GB/T 10609.1—2008)

标题栏是由名称、代号区、签字区、更改区和其他区域组成的栏目。标题栏的基本要求、内容、尺寸和格式在国家标准《技术制图 标题栏》(GB/T 10609.1—2008)中有详细规定,如图 1.19(a)所示。各单位也有自己的格式,图 1.19(b)为学生练习用标题栏。

标题栏位于图纸右下角,底边与下图框线重合,右边与右图框线重合,如图 1.17、1.18 所示。

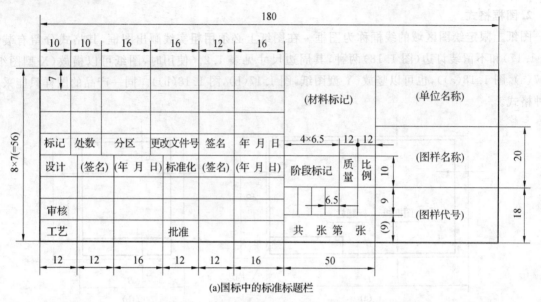

(a)国标中的标准标题栏

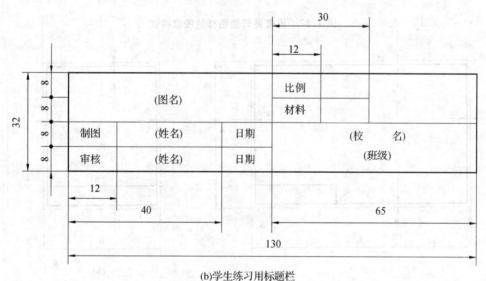

(b)学生练习用标题栏

图 1.19　标题栏

1.2.2　比例(GB/T 14690—1993)

　　比例是图中图形与实物相应要素的线性尺寸之比,如图 1.20 所示。绘制图样时,应根据实际需要按表 1.3 中规定的系列选取适当的比例。一般应尽量采用机件的实际大小(1∶1)画图,以便能直接从图样上看出机件的真实大小。表 1.3 列出了绘图标准比例,其中加括号的是允许选用比例,未加括号的是优先选用比例。

　　绘制同一机件的各个视图应采用相同的比例,并在标题栏的比例一栏中标明。当某个视图需要采用不同比例时,必须另行标注。应注意,不论采用何种比例绘图,标注尺寸时,均按机件的实际尺寸大小注出。

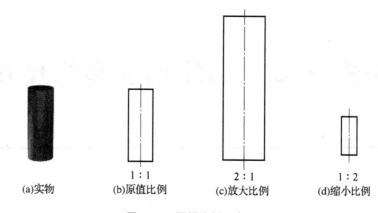

(a)实物   (b)原值比例 1:1   (c)放大比例 2:1   (d)缩小比例 1:2

图 1.20　图样比例示意图

表 1.3　绘图标准比例（n 为正整数）

种类	优先选用的比例	允许选用的比例
原值比例	1:1	
放大比例	$2:1$；$5:1$；$1\times10^n:1$；$2\times10^n:1$；$5\times10^n:1$	$(2.5:1)$；$(4:1)$；$(2.5\times10^n:1)$；$(4\times10^n:1)$
缩小比例	$1:2$；$1:5$；$1:1\times10^n$；$1:2\times10^n$；$1:5\times10^n$	$(1:1.5)$；$(1:2.5)$；$(1:3)$；$(1:4)$；$(1:6)$；$(1:1.5\times10^n)$；$(1:2.5\times10^n)$；$(1:3\times10^n)$；$(1:4\times10^n)$；$(1:6\times10^n)$

任务实施

过程	图例	过程	图例
步骤一： 用细实线绘制图形基准线		步骤四： 擦去多余的图线，按照粗实线线型描深图线，标注尺寸	10　18　12　16
步骤二： 绘制图形外廓尺寸 16×18		步骤五： 同样的步骤用 2:1 比例画图时，量取外廓尺寸为 32×36，但标注尺寸仍为 16×18	
步骤三： 过坐标点（长为16，高为12）分别绘制水平线垂直线，得出图形的台阶		步骤六： 同样的步骤用 1:2 比例画图时，量取外廓尺寸为 8×9，但标注尺寸仍为 16×18	

任务 1.3　标注轴承座的尺寸

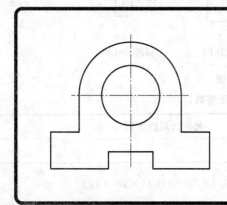

图形只能表示物体的形状,其大小由标注的尺寸确定。尺寸注法的依据是国家标准《机械制图 尺寸注法》(GB/T 4458.4—2003)和《技术制图 简化表示法 第 2 部分:尺寸注法》(GB/T 16675.2—1996)。

1.3.1　标注尺寸的基本规定

一个完整的尺寸包括尺寸界线、尺寸线和尺寸数字 3 个基本要素。

1.尺寸界线

作用:表明所注尺寸的起始和终止位置,用细实线绘制。

尺寸界线由图形的轮廓线、轴线或对称中心线处引出,也可直接利用这些线作为尺寸界线。如图 1.21 所示,尺寸界线一般应与尺寸线垂直,且超过尺寸线箭头 2~3 mm;当尺寸界线过于贴近轮廓线时,也允许倾斜画出。

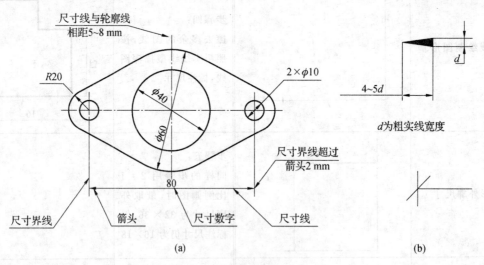

图 1.21　尺寸的组成和标注示例

2.尺寸线

作用:表示所注尺寸的起点和终点,用细实线绘制。

尺寸线应平行于被标注的线段,尺寸线不能用其他线代替或与其他线重合。

尺寸线的终端有箭头或斜线(当尺寸线与尺寸界线互相垂直时才用)两种形式,用来表明度量尺寸的起讫,如图 1.21 所示,但在同一张图样上只能采用同一种尺寸线终端形式。机械图上的尺寸线终端多采用箭头;在同一张图样中,箭头的大小应一致,其尖端应指向并止于尺寸界线。

3.尺寸数字

尺寸数字用来表示机件的实际大小,一律用标准字体书写(一般为 3.5 号字),在同一张图样上尺寸数字的字高应保持一致。线性尺寸的数字通常注写在尺寸线的上方或中断处。尺寸数字不允许被任何图线通过,尺寸数字与图线重叠时,需将图线断开。当图中没有足够地方标注尺寸时,可引出标注。

尺寸标注常用的符号及含义见表 1.4。

表 1.4 尺寸标注常用的符号

符号	含义	符号	含义
ϕ	直径	t	厚度
R	半径	$\underline{\vee}$	深度
S	球	□	正方形
EQS	均布	∠	斜度
C	45°倒角	▷	锥度

1.3.2 尺寸标注的注意事项

(1)机件的真实大小应以图样上所标注的尺寸数值为依据,与图形的大小及绘图的准确度无关。

(2)图样中的尺寸以毫米(mm)为单位时不需标注单位,如果使用其他单位,则需要说明相应的计量单位。

(3)图样中所标注的尺寸为该图所示机件的最终完工尺寸,否则应另加说明。

(4)机件的每一尺寸,一般只标注一次,并应标注在反映结构最清晰的图上。

(5)在保证不致引起误解和不产生歧义的前提下,尽可能简化标注。

尺寸标注的常见问题如图 1.22 所示。

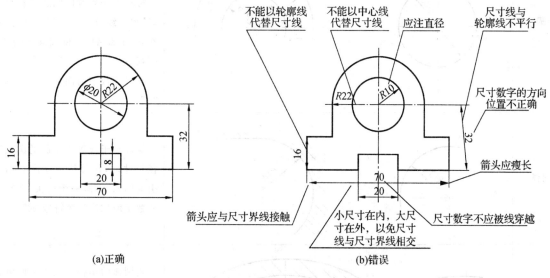

图 1.22 尺寸标注的常见问题

1.3.3 常见的尺寸标注示例

角度、圆、圆弧、球面以及线性尺寸、小尺寸等常用尺寸标注的基本规则见表 1.5。

表1.5 常用尺寸标注的基本规则

标注内容	示例	说明
线性尺寸		水平方向的尺寸数字字头向上,铅垂方向的尺寸数字字头向左,倾斜方向的尺寸数字字头有朝上的趋势,如左图所示 尽量避免在图示30°的范围内标注尺寸,当无法避免时,可按右上图的方法标注 对于非水平方向的尺寸,在不致引起误解时,其数字可水平地注写在尺寸线的中断处,如右下图所示
角度		标注角度的尺寸界线应沿径向引出,尺寸线画成圆弧,圆心是该角的顶点。尺寸数字一律水平书写,一般注在尺寸线的中断处,也可写在尺寸线的上方或外侧,必要时也可引出标注
圆		标注圆的直径尺寸时,应以圆周为尺寸界线,并使尺寸线通过圆心 标注大于半圆的圆弧直径尺寸时,尺寸线应画至略超过圆心,只在尺寸线的一端画箭头指向圆弧。 在尺寸数字前面加注直径符号"ϕ"
圆弧		标注小于或等于半圆的圆弧半径尺寸时,尺寸线应从圆心出发引向圆弧,只画一个箭头,并在尺寸数字前加注半径符号"R"
大圆弧		当圆弧的半径过大或在图纸范围内无法标出圆心位置时,可按左图形式标注 当不需要标出圆心位置时,则可按右图形式标注

续表 1.5

标注内容	示例	说明
小尺寸	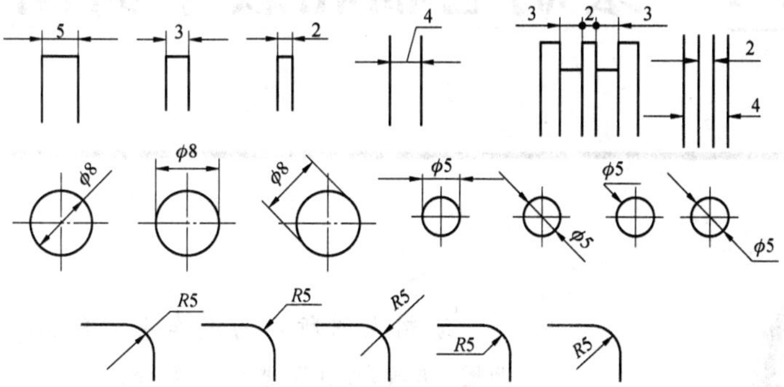	当图形较小,在尺寸界线之间没有足够位置画箭头或注写尺寸数字时,可按图示方式进行标注。此时,允许用圆点或斜线代替箭头
球面	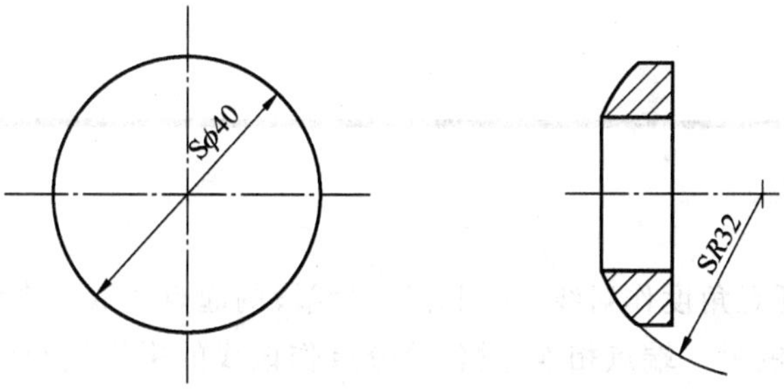	标注球面直径或半径尺寸时,应在尺寸数字前加注符号"Sφ"或"SR"

◤ 任务实施

过程	图例		
步骤一:分析并确定平面图形长、高方向的主要尺寸基准,先标注定位尺寸	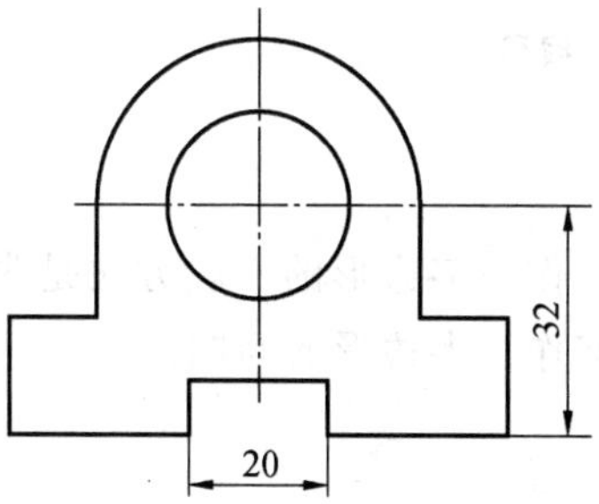	步骤二:标注定形尺寸和总体尺寸,并进行检查、调整,去掉多余的和不适合的尺寸	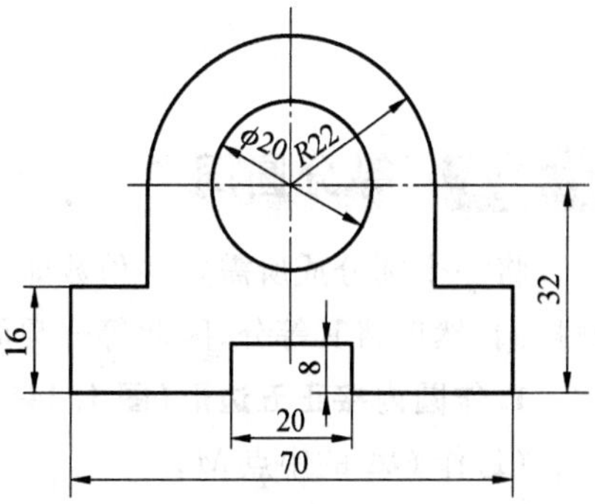

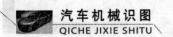
 # 任务 1.4　绘制七辐轮毂平面图

绘制左图所示的汽车七辐轮毂平面图,需要把圆周进行七等分。

1.4.1　等分线段

(1)过已知线段的一个端点,以任意角度作射线,并用分规自线段的起点量取 n 个线段。

(2)将等分的最末点与已知线段的另一端点相连,过各等分点作该线的平行线与已知线段相交即得到等分点。如图 1.23 所示。

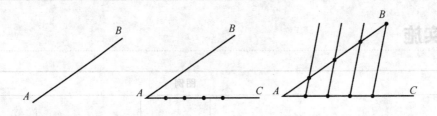

图 1.23　等分直线段

1.4.2　等分圆周

将一个圆分成所需要的份数即是等分圆周的问题。作正多边形的一般方法是先作出正多边形的外接圆,然后将其等分,因此等分圆周的作图包含着如何作正多边形的问题。

1. 作圆内接正五边形(图 1.24)

(1)作 OA 的中点 M;

(2)以 M 点为圆心,M1 为半径作弧,交水平直径于 K 点;

(3)以 $1K$ 为边长,将圆周五等分,即可作出圆内接正五边形。

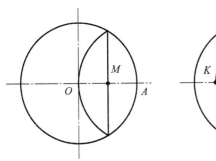 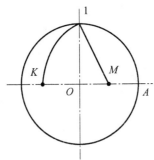 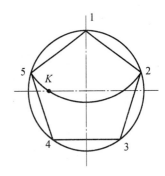

图 1.24　五等分圆周

2. 作圆内接正六边形(图 1.25)

(1)以 O 为圆心, R 为半径作圆;

(2)分别以直径的两端点为圆心作圆弧,交点为正六边形的顶点。

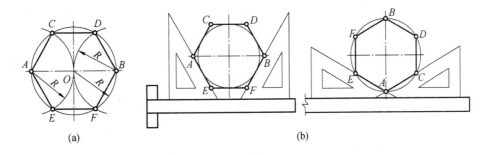

图 1.25　六等分圆周

任务实施

n 等分圆周作正 n 边形(以圆内接正七边形为例)。

过程	图例	过程	图例
步骤一: 以 O 为圆心,以 R 为半径作圆。又以 C 为圆心,以直径 CA 为半径画弧交 BD 的延长线于 E、F 两点		步骤三: 分别从 E、F 两点向 AC 上的偶数等分点 2、4、6 连线,并延长与圆周相交,交点即为正七边形顶点,顺序连接这些顶点即可	
步骤二: 将 AC 七等分			

模块 2

绘制手柄平面图

【知识目标】

1. 了解图纸幅面、格式、比例的规定。
2. 了解工程图中常用字体种类、规格及注写方法。
3. 了解常用的绘图工具。
4. 熟悉机械制图国家标准的基本规定。
5. 熟悉斜度和锥度的概念、画法及标注。

【技能目标】

1. 掌握各种图线的形式、主要用途及其画法。
2. 掌握常用绘图工具的使用方法及常用几何图形画法。
3. 掌握平面图形的尺寸、线段分析方法、绘制方法及步骤。

【模块任务】

绘制如下图所示手柄平面图，并标注尺寸。

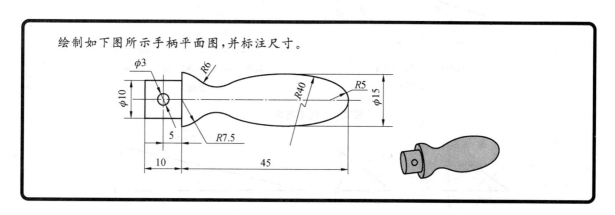

任务 2.1   绘制椭圆

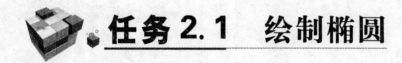

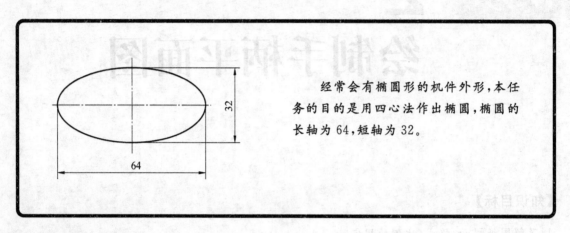

经常会有椭圆形的机件外形,本任务的目的是用四心法作出椭圆,椭圆的长轴为64,短轴为32。

2.1.1 椭 圆

由于一些机件具有椭圆形结构,因此在作图时应掌握椭圆的画法。椭圆有两条相互垂直且对称的轴,称为长轴和短轴。由于椭圆是非圆曲线,所以在要求精度不高的情况下,可以用四段圆弧来代替椭圆曲线,而在作图时应先求出四段圆弧的圆心,故将此方法称为四心法。

2.1.2 斜度和锥度

斜度是指一直线(或平面)对另一直线(或平面)的倾斜程度。它的特点是单向分布。斜度为高度差与长度之比,即斜度$=H/L=1:n$,如图 2.1(a)所示,斜度的画法及标注如图 2.2 所示。

斜度$=\tan\alpha=H/L=1:n$

(a) 斜度

锥度$=D/L=(D-d)/l=2\tan\alpha=1:n$

(b) 锥度

图 2.1 斜度与锥度

(a)斜度符号

(b)斜度$=BC/AB=\tan\alpha$

(c)斜度为1:5的作法

图 2.2 斜度的画法及标注

锥度是指正圆锥底圆直径与其高度之比,或正圆台的两底圆直径差与其高度之比。它的特点是双向分布。锥度为直径差与长度之比,即锥度$=D/L=(D-d)/l=1:n$。

注意:计算时,均把比例前项化为1,在图中以 $1:n$ 的形式标注,如图 2.1(b)所示。

锥度的画法及标注如图2.3所示。

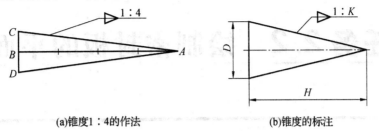

(a)锥度1:4的作法　　　　　　(b)锥度的标注

图2.3　锥度的画法及标注

◤ 任务实施

用四心法绘制椭圆

过程	图例
步骤一: 垂直的长轴 AB、短轴 CD,相交于点 O	
步骤二: 连接 AC,以 O 为圆心、OA 为半径画弧,与 CD 的延长线交于点 E_1,以 C 为圆心、CE_1 为半径画弧,与 AC 交于点 E	
步骤三: 作 AE 的中垂线,与长、短轴分别交于 O_1、O_2,再作其对称点 O_3、O_4	
步骤四: 依次连接 O_1O_2、O_2O_3、O_3O_4、O_4O_1,形成圆弧边界线	
步骤五: 分别以 O_1、O_2、O_3、O_4 为圆心,以 O_1A、O_2C、O_3B、O_4D 为半径作圆弧,即得近似椭圆	

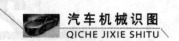
任务2.2 绘制密封板的平面图形

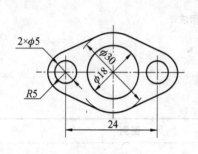

在绘制零件的轮廓形状时,经常遇到从一条直线(或圆弧)光滑地过渡到另一条直线(或圆弧)的情况,这种光滑过渡的连接方式称为圆弧连接,切点称为连接点。

圆弧连接的作图方法可归纳为:求连接圆弧的圆心和找出连接点即切点的位置。首先求作连接圆弧的圆心,它应满足到两被连接线段的距离均为连接圆弧的半径的条件;然后找出连接点,即连接圆弧与被连接线段的切点;最后在两连接点之间画连接圆弧。

下面介绍具体的画法。

1. 用半径为 R 的圆弧连接两斜交直线

作图步骤如图 2.4 所示,具体如下:

(1)作两条辅助线分别与两已知直线平行且相距 R,交点 O 即为连接圆弧的圆心;

(2)由点 O 分别向两已知直线作垂线,垂足 A、B 即为切点;

(3)以点 O 为圆心,R 为半径过 A、B 点画连接圆弧。

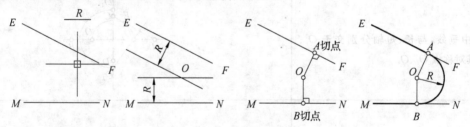

图 2.4 圆弧连接两斜交直线

2. 用半径为 R 的圆弧连接已知圆弧和直线

作图步骤如图 2.5 所示,具体如下:

(1)以 O_1 为圆心,R_1+R 为半径作圆弧;

(2)作与已知直线平行且相距为 R 的直线;

(3)连接 O_1O,得到与已知圆弧的切点 A;

(4)由 O 向已知直线作垂线,得到与已知直线的切点 B;

(5)以 O 为圆心,R 为半径经过 A、B 点画连接圆弧。

手工绘图时圆弧连接的关键是找圆心,找圆心的方法

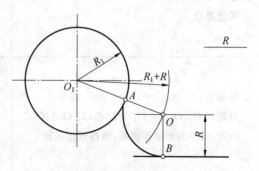

图 2.5 圆弧与另外圆弧、直线相切

取决于被连接的相邻线段。若相邻线段为直线,则作平行线;若相邻线段为圆弧,则要先判断连接圆弧与被连接圆弧的关系是外切还是内切。外切时取半径之和画弧,内切时取半径之差画弧。

◤ 任务实施

过程	图例
步骤一: 画出水平和垂直的两条中心线,并定出两边小圆的位置,画出中间的大圆和两边的小圆	
步骤二: 根据 $\phi80$ mm 和 $R5$ mm 画出三段圆弧	
步骤三: 作圆弧的公切线	

任务2.3 绘制汽车拨叉平面图

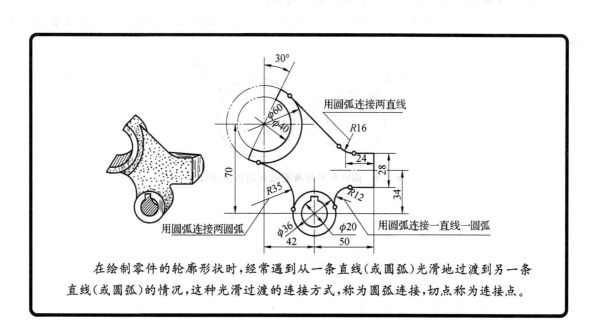

在绘制零件的轮廓形状时,经常遇到从一条直线(或圆弧)光滑地过渡到另一条直线(或圆弧)的情况,这种光滑过渡的连接方式,称为圆弧连接,切点称为连接点。

两圆弧之间的连接方式通常有内连接、外连接及混合连接三种。

1. 用半径为 R 的圆弧连接两已知圆弧(外切)

作图步骤如图 2.6 所示,具体如下:

(1)以 O_1 为圆心,R_1+R 为半径画圆弧;

(2)以 O_2 为圆心,R_2+R 为半径画圆弧,两圆弧交于 O 点;

(3)分别连接 O_1O、O_2O 得到两个切点 A、B;

(4)以 O 为圆心,R 为半径经过 A、B 点画连接圆弧。

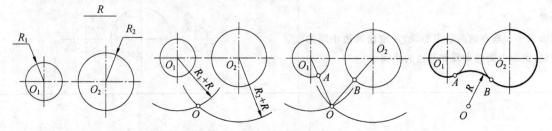

图 2.6 圆弧与两圆弧外切

2. 用半径为 R 的圆弧连接两已知圆弧(内切)

作图步骤如图 2.7 所示,具体如下:

(1)以 O_1 为圆心,$R-R_1$ 为半径画圆弧;

(2)以 O_2 为圆心,$R-R_2$ 为半径画圆弧,两圆弧交于 O 点;

(3)分别连接 OO_1、OO_2 并延长得到两个切点 A、B;

(4)以 O 为圆心,R 为半径经过 A、B 点画连接圆弧。

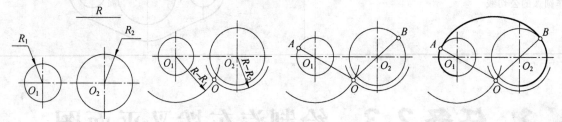

图 2.7 圆弧与两圆弧内切

3. 用半径为 R 的圆弧连接两已知圆弧(外切+内切)

这种类型是内切、外切两种方法的综合,作图方法与图 2.6 和图 2.7 类似。读者可试着完成图 2.8。

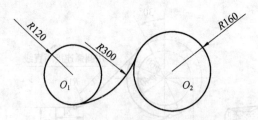

图 2.8 圆弧与另外两圆弧分别内切、外切

任务实施

过程	图例
步骤一： 画基准线	
步骤二： 画已知线段、中间线段	
步骤三： 画连接线段，出最终效果图	

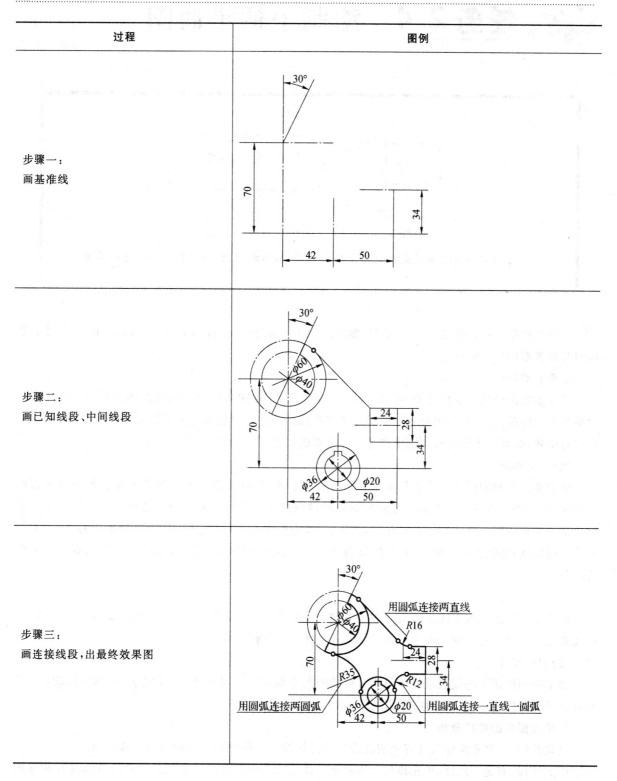

任务2.4　绘制手柄平面图

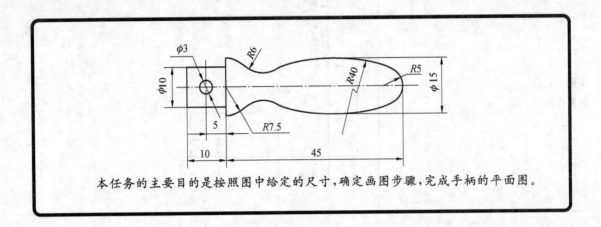

本任务的主要目的是按照图中给定的尺寸,确定画图步骤,完成手柄的平面图。

平面图形总是由各种线段(包括直线、圆弧、非圆平面曲线)连接而成,这些线段之间的连接关系和相对位置则由尺寸来决定。

1. 平面图形的尺寸分析

对平面图形的尺寸进行分析,可以检查尺寸的完整性,确定各线段及圆弧的作图顺序。尺寸按其在平面图形中所起的作用,可分为定形尺寸和定位尺寸两类。要想确定平面图形中线段的上下、左右的相对位置,必须引入在机械制图中称为尺寸基准的概念。

(1)尺寸基准。

确定平面图形的尺寸位置的几何元素称为尺寸基准,简称基准。平面图形尺寸有水平和垂直两个方向(相当于坐标轴 x 方向和 y 方向),因此基准也必须从水平和垂直两个方向考虑。平面图形中尺寸基准是点或线。常用的点基准有圆心、球心、多边形中心点、角点等。常用作基准线的有:①对称图形的对称线;②较大圆的中心线;③较长的直线。手柄是以水平的对称线和较长的竖直线作为基准线的。

(2)定形尺寸。

确定平面图形上各线段形状大小的尺寸称为定形尺寸,如直线的长度、圆和圆弧的直径或半径,以及角度大小等。图中的 $\phi10$、$\phi3$、$R7.5$、$R6$、$R40$、$R5$ 均为定形尺寸。

(3)定位尺寸。

确定平面图形上的线段或线框间相对位置的尺寸称为定位尺寸,图中确定 $\phi3$ 小圆位置的尺寸 5和确定 $R5$ 位置的尺寸 45 均为定位尺寸。

2. 平面图形的线段分析

已知线段:定形和定位尺寸齐全的线段称为已知线段。作图时可直接画出已知线段。

中间线段:有定形尺寸,但定位尺寸不完全的线段称为中间线段。中间线段必须依靠与其相连的线段通过几何作图的方法才能画出。

连接线段:只有定形尺寸,没有定位尺寸的线段称为连接线段。连接线段要利用两线段相切,并用几何方法求出圆心位置才能画出。

作图时,先作已知线段,然后利用与已知线段的关系,再画出中间线段和连接线段。

3.平面图形的尺寸标注

平面图形画完后,需按照正确、完整、清晰的要求来标注尺寸,即标注的尺寸要符合国家标准规定:尺寸不重复也不遗漏;尺寸要排列有序;数字要注写正确、清楚。

平面图形的尺寸标注步骤:

(1)确定尺寸基准:在水平方向和铅垂方向各选一条直线作为尺寸基准;

(2)确定图形中各线段的性质,确定出已知线段、中间线段和连接线段;

(3)按确定的已知线段、中间线段和连接线段的顺序,逐个标注出各线段的定形和定位尺寸。

任务实施

过程	图例
步骤一: 画中心线和作图基准线	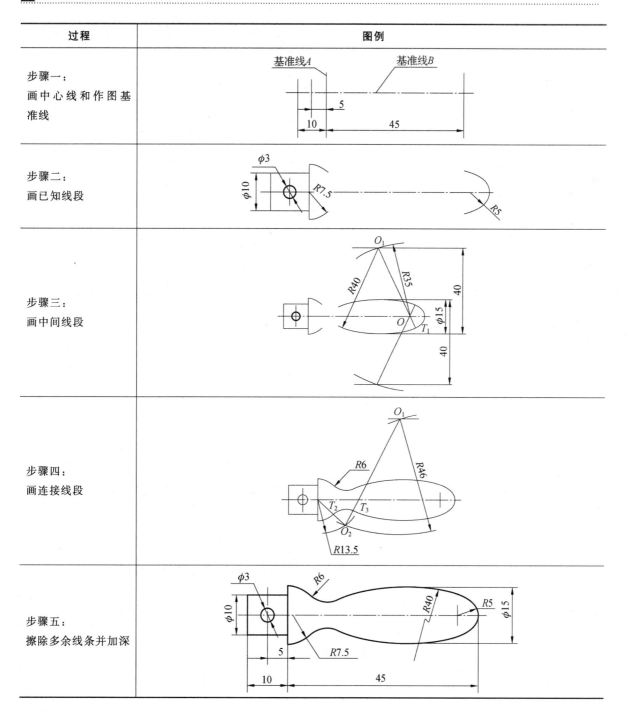
步骤二: 画已知线段	
步骤三: 画中间线段	
步骤四: 画连接线段	
步骤五: 擦除多余线条并加深	

模块 3

绘制弯板三视图

【知识目标】

1. 了解投影法的概念及其类型。
2. 了解三视图的形成过程。
3. 熟悉正投影法及三视图之间的投影关系。
4. 掌握正投影法的基本性质及三视图之间的关系。
5. 掌握各类点、直线和平面的投影特性。

【技能目标】

掌握正投影法绘制投影图及简单形体三视图的作图方法和步骤。

【模块任务】

机械图样通常是用正投影法绘制,最常见的表达方法是三视图。

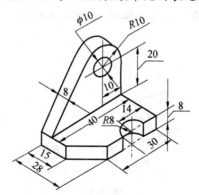

任务 3.1　绘制异型块三视图

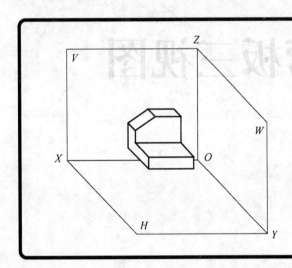

　　左图定位块座是常见的平面图形。绘制该图形运用了粗实线、细点画线等图线，本任务的目的是利用学习的制图基本规定，用幅面为 A4 的图纸绘制该平面图。

1. 投影法

　　在日常生活中，经常可以看到，物体经灯光或阳光的照射，在地面或墙面上产生影子的现象，这就是投影现象。这种投射线通过物体，向选定的投影面投射，并在该投影面上得到图形的方法称为投影法。投射线的方向称为投射方向，选定的平面称为投影面，投射所得到的图形称为投影。根据投射线间的相对位置，投影法可分为中心投影法和平行投影法两大类。

　　(1)中心投影法。

　　投射线汇交于一点的投影法，称为中心投影法，如图 3.1(a)所示。

　　中心投影法得到物体的投影与投影中心、空间物体和投影面三者之间的相互位置有关，投影不能反映物体的真实大小，故它不适用于绘制机械图样。但中心投影法绘制的图形富有立体感，故中心投影法通常用来绘制建筑物或富有逼真感的立体图，也称为透视图。

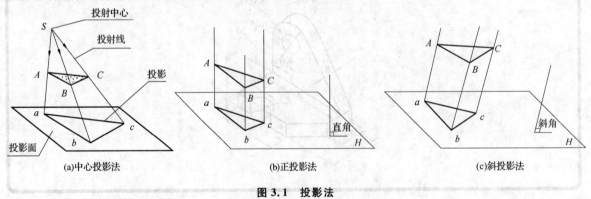

图 3.1　投影法

（2）平行投影法。

投射线相互平行的投影法，称为平行投影法。根据投影线相对于投影面的方向，平行投影法又分为正投影法和斜投影法。

① 正投影法。投射线与投影面相垂直的平行投影法，称为正投影法，如图 3.2(b)所示。

② 斜投影法。投射线与投影面相倾斜的平行投影法，称为斜投影法，如图 3.2(c)所示。

2. 正投影法的基本性质

在正投影法中，因为投射线相互平行且垂直于投影面，所以当平面图形平行于投影面时，它的投影就反映出该平面图形的真实形状和大小，且与平面图形到投影面的距离无关。因此，机械图样一般都采用正投影法绘制。

（1）实形性。

当平面图形（或空间直线）平行于投影面时，其投影反映实形（或实长）。这种投影性质称为实形性，如图 3.2(a)所示。

（2）积聚性。

当平面图形（或空间直线）垂直于投影面时，其投影积聚为一条直线（或一个点）。这种投影性质称为积聚性，如图 3.2(b)所示。

（3）类似性。

当平面图形（或空间直线）倾斜于投影面时，其投影为与实形不全等的类似图形（或一长度缩短的直线）。这种投影性质称为类似性，如图 3.2(c)所示。

（4）平行性。

空间两平行直线的投影仍互相平行，且平行的两直线段的长度之比等于其投影长度之比，即 $AB /\!/ CD$，则 $ab /\!/ cb$，且 $AB : CD = ab : cd$，如图 3.2(d)所示。

（5）从属性。

若点在直线上，则点的投影必在相应投影线上，且点分直线线段的空间长度之比等于其投影长度之比，即 $AK : KC = ak : kc$（定比定理），如图 3.2(e)所示。直线或平面上的点，其投影必在该直线或平面的投影上，如图 3.2(e)所示。

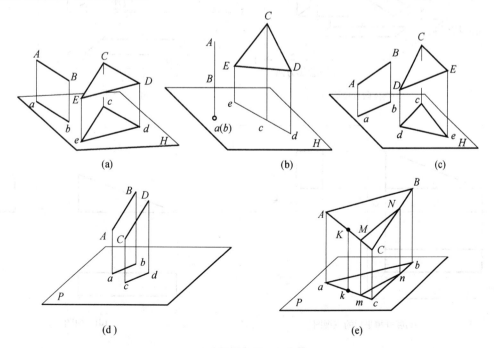

(a)　　　　　　　(b)　　　　　　　(c)

(d)　　　　　　　(e)

图 3.2　正投影法的基本性质

3. 视图

用正投影法得到的投影,能够反映物体的真实形状和大小,在机械制图中广泛应用。在实际绘图时,我们用平行的视线作为投影线,用正投影法作图得到的投影称为视图。一般情况下,一个视图不能清楚完整地表达物体的形状大小,也不能区分不同的物体。如图3.3所示,三个不同的物体在同一投影面上得到的视图完全相同。因此,要完整地反映物体的形状、大小,必须增加不同投射方向的视图,相互补充,才可能清楚地表达物体的形状、大小。工程上常用三面视图来表达物体。

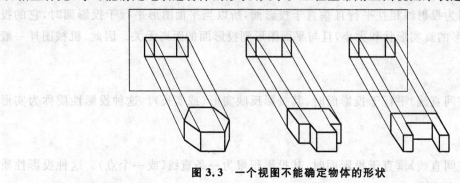

图3.3 一个视图不能确定物体的形状

4. 三视图的形成

将物体放在三个投影面体系中,使反映物体主要形状特征的面与投影面平行,然后分别向三个投影面投影。将物体从前向后投射,在 V 面上得到的投影称为正面投影(也称主视图);将物体从上向下投射,在 H 面上得到的投影称为水平投影(也称俯视图);将物体从左向右投射,在 W 面上得到的投影称为侧面投影(也称左视图)。如图3.4所示。

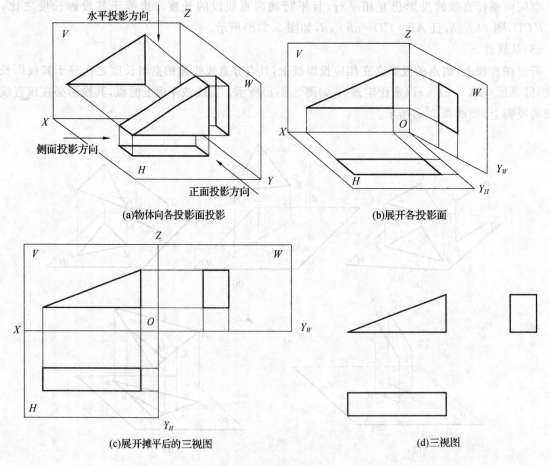

(a)物体向各投影面投影

(b)展开各投影面

(c)展开摊平后的三视图

(d)三视图

图3.4 三视图的形成

为了便于画图,需将三个互相垂直的投影面展开。展开规定:V 面保持不动,H 面绕 OX 轴向下旋转 $90°$,W 面绕 OZ 轴向右旋转 $90°$,使 H、W 面与 V 面重合为一个平面,如图 3.4(b)、(c)所示。展开后,主视图、俯视图和左视图的相对位置如图 3.4(c)所示。为简化作图,在画三视图时,不必画出投影面的边框线和投影轴,如图 3.4(d)所示。

注意:当投影面展开时,OY 轴被一分为二,随 H 面旋转的用 OY_H 表示,随 W 面旋转的用 OY_W 表示。

5.三视图的投影关系

通过研究图 3.4 所示三视图的形成过程可知,三个视图之间不是孤立的,而是有着内在的联系,主要存在以下三种关系。

(1)三视图之间的位置关系。

由三视图的形成及视图展开过程可以发现,三个视图之间的位置关系为:以主视图为准,俯视图在主视图的正下方,左视图在主视图的正右方,如图 3.4(c)、(d)所示。故在绘制物体三视图时,必须以主视图为准,按照上述关系排列三个视图的位置,并且要求三视图要相互对齐、对正,不能错位。

(2)三视图之间的投影关系。

从图 3.4 所示三视图的形成过程中可以看出:主视图反映了物体的长度和高度;俯视图反映了物体的长度和宽度;左视图反映了物体的宽度和高度。空间物体在长、宽、高三个方向上的尺寸是唯一的、确定的,结合图 3.5 可以得出三视图之间的投影规律:

主视图、俯视图中相应投影的长度相等,并且对正;

主视图、左视图中相应投影的高度相等,并且平齐;

俯视图、左视图中相应投影的宽度相等。

上述投影规律可归纳为主、俯、左三视图之间的投影关系为:主、俯视图长对正;主、左视图高平齐;俯、左视图宽相等。通常把上述三视图之间的投影对应关系简称为"长对正、高平齐、宽相等",三视图之间的这种投影关系也称视图间的三等关系(三等规律),它是绘制和识读三视图的主要依据。

应当注意:这种关系无论是对整个物体还是对物体的局部均是如此,如图 3.5 所示物体中的局部结构尺寸 Y_1。

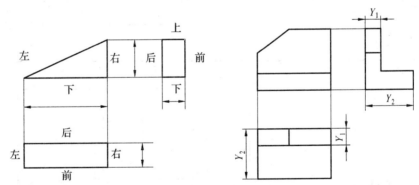

图 3.5 三视图的关系

(3) 视图与物体的方位关系。

空间物体之间及其各结构之间,都具有六个方向的相互位置关系,如图 3.5 所示,即:

主视图反映了物体的上、下和左、右位置关系;

俯视图反映了物体的前、后和左、右位置关系;

左视图反映了物体的上、下和前、后位置关系。

在看图和画图时必须注意:以主视图为准,俯、左视图远离主视图的一侧表示物体的前面,靠近主视图的一侧表示物体的后面;即以主视图为准,在俯视图和左视图中存在"近后远前"的方位关系。

6. 绘制三视图的一般方法和步骤

绘制三视图的一般方法和步骤见表3.1。

表 3.1　绘制三视图的一般方法和步骤

步骤	主要完成内容
一	根据物体的形状特征选择主视图的投影方向,且使物体的主要表面与相应的投影面平行
二	按照三视图的方位布置视图,绘制基准线,确定三视图位置
三	画底稿,一般从主视图画起
四	通过主视图,利用三等关系,借助辅助线,绘制俯、左视图,完成三视图底稿
五	检查加深,擦除作图线等,完成三视图

◤ 任务实施

步骤	图例
步骤一: 根据物体的形状特征选择主视图的投影方向,且使物体的主要表面与相应的投影面平行	
步骤二: 按照三视图的方位关系,布置视图,绘制基准线,确定三视图位置	

续表

步骤	图例
步骤三： 画底稿,一般从主视图画起	
步骤四： 通过主视图,利用三等关系,借助辅助线(45°对角线等),绘制俯、左视图,完成三视图底稿 绘图过程中,注意物体各部分的形状和位置关系;要先画主体和主要轮廓,后画次体和细节;先定位后定形	Y_1 Y_2 Y_1 Y_2 45°作图辅助线
步骤五： 检查无误后,擦除作图线等,加深,完成三视图	

 # 任务 3.2   绘制六棱柱三视图

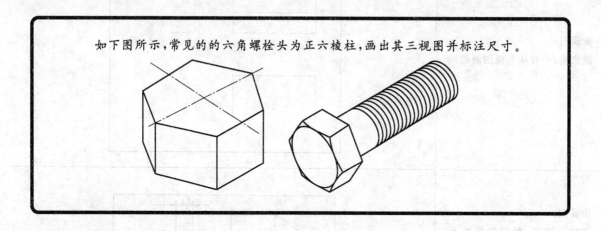

如下图所示,常见的的六角螺栓头为正六棱柱,画出其三视图并标注尺寸。

1.基本几何体

机器上的零件,由于其作用不同而具有各种各样的结构形状,无论它们形状如何复杂,均可以看成是由一些简单的基本几何体组合起来的。

(a)顶尖   (b)螺栓   (c)手柄

图 3.6   顶尖、螺栓和手柄

常见的基本几何体有:棱柱、棱锥、圆柱、圆锥、球体、圆环等,如图 3.7 所示。根据这些几何体的表面几何性质,基本几何体可以分为平面立体和曲面立体。

(1)平面立体:表面都是由平面构成的形体,如棱柱、棱锥等。

(2)曲面立体:表面是由曲面和平面或者全部是由曲面构成的形体,如圆柱、圆锥、球体、圆环等。

图 3.7   常见基本立体

2.棱柱

棱柱的棱线互相平行,底面是互相平行的多边形。常见的棱锥有三棱柱、四棱柱、五棱柱、六棱柱等。

3.棱锥

棱锥的棱线相交于锥顶。常见的棱锥有三棱锥、四棱锥、五棱锥等。

◤ 任务实施

过程	图例
步骤一： 先画出反映六棱柱主要形状特征的投影，即水平投影的正六边形；再画出正面、侧面投影中的底面基线和对称中心线	
步骤二： 按"长对正"的投影关系及六棱柱的高度画出六棱柱的正面投影	
步骤三： 按"高平齐、宽相等"的投影关系画出侧面投影	

任务3.3 绘制圆柱体三视图

常用的曲面立体有圆柱、圆锥、圆球、圆环等;曲面可分为规则曲面和不规则曲面两种。本书只讨论规则曲面立体的三视图。如下图所示,画出圆柱、圆锥、球的三视图。

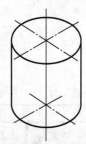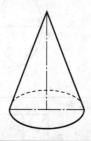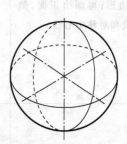

1.圆柱

圆柱是由圆柱曲面和底面围成的。圆柱曲面是由一条直线绕与其平行的轴线回转而成的。此直线称为母线,圆柱面上任一直线称为圆柱面的素线。

需要注意,在画圆柱及其他回转体的投影图时一定要用点画线画出轴线的投影,在反映圆形的投影上还需用点画线画出圆的中心线。

2.圆锥

圆锥是由圆锥面和底面围成的。圆锥面是由直母线绕与它相交的轴线回转而成的。圆锥面上通过顶点的任一直线称为圆锥面的素线。

3.圆球

圆球体的表面是圆球面。圆球面是一圆(母线)绕其直径旋转一周形成的。

◤ 任务实施

过程	图例
步骤一: 画出作图基准线	

续表

过程	图例
步骤二： 画出俯视图积聚性的投影圆。定上下两底面在 V 面和 W 面中的投影位置	
步骤三： 画出圆柱面对 V 面投影中的最左、最右，W 面投影中的最前、最后素线的投影，描深图线	

 # 任务3.4　绘制弯板三视图

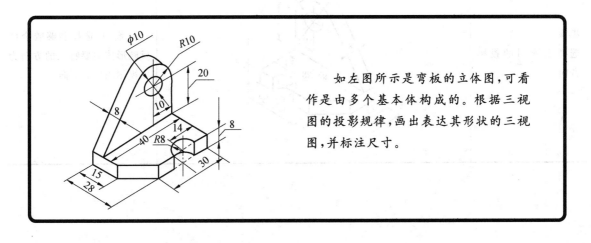

　　如左图所示是弯板的立体图，可看作是由多个基本体构成的。根据三视图的投影规律，画出表达其形状的三视图，并标注尺寸。

任何物体都具有长、宽、高三个方向的尺寸。在视图上标注基本几何体的尺寸时,应将三个方向的尺寸标注齐全,既不能少,也不能重复和多余。在三视图中,尺寸应尽量注在反映基本体形状特征的视图上,而圆的直径一般注在投影为非圆的视图上。

常见形体的尺寸标注如图 3.8、图 3.9 所示。

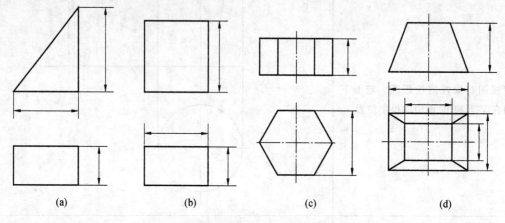

图 3.8　棱柱、棱台的尺寸标注

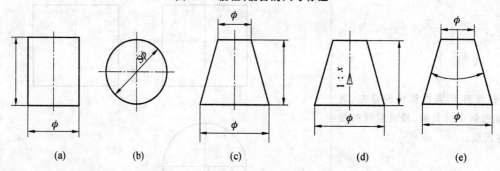

图 3.9　圆柱、圆球和圆台的尺寸标注

任务实施

过程	图例	知识点
步骤一： 选择主视图的投影方向		一般的,选择能够较全面反映形体主要特征的方向为主视图的投影方向

续表

过程	图例	知识点
步骤二： 布图，按投影规律画出底面长方体的三面投影	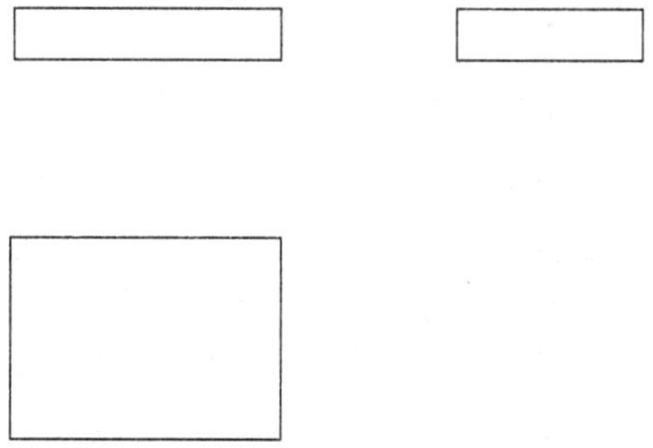	一般的，按先大后小，先整体后局部，先画物体的主体部分，后画物体的细节部分的次序，分别画出物体各组成部分的三视图
步骤三： 按图中的尺寸，画出底板中切去的两部分	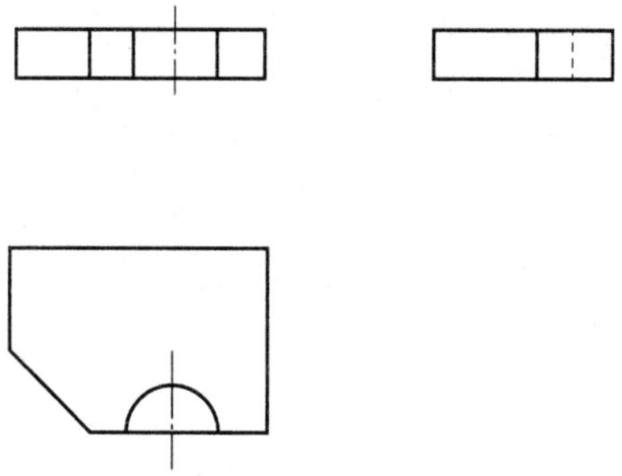	可见轮廓用粗实线画出，不可见轮廓用细虚线画出 特别注意用点画线画出回转体圆的轴线
步骤四： 画出立板的三面投影	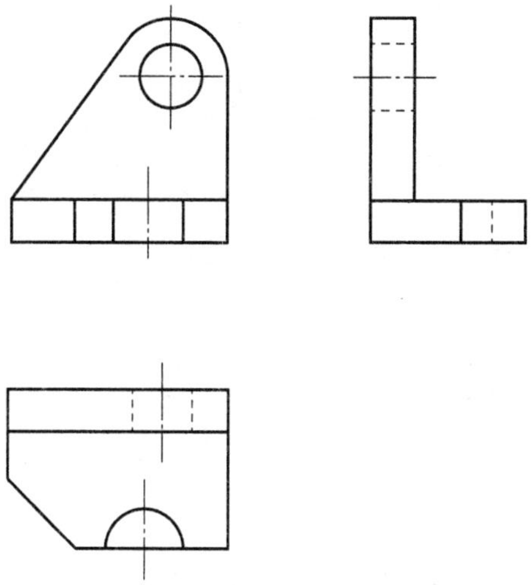	后面长方体的三视图叠加在底面长方体的三视图上 特别应注意俯、左视图宽相等和前、后方位关系
步骤五： 标注尺寸	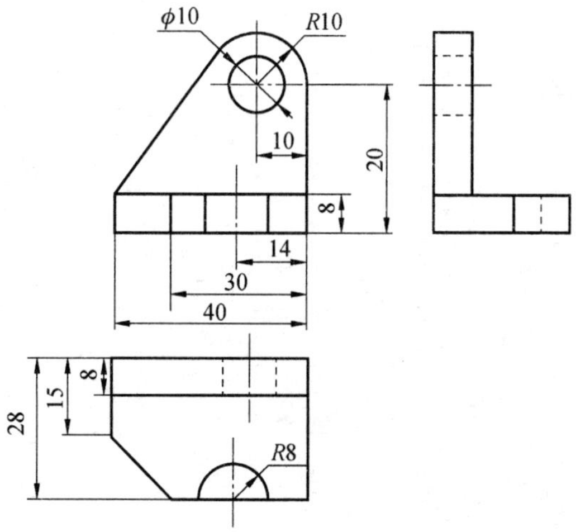	标注物体的长、宽、高尺寸及确定位置的定位尺寸

绘制支撑座轴测图

【知识目标】

理解轴测图的基本概念及轴测投影的特性和种类。

【技能目标】

1. 掌握正等轴测图的画法和步骤。

2. 掌握斜二轴测图的画法和步骤。

3. 能够根据三视图绘制物体的轴测图。

【模块任务】

根据支撑座的两视图,绘制支撑座的斜二轴测图(下图)。

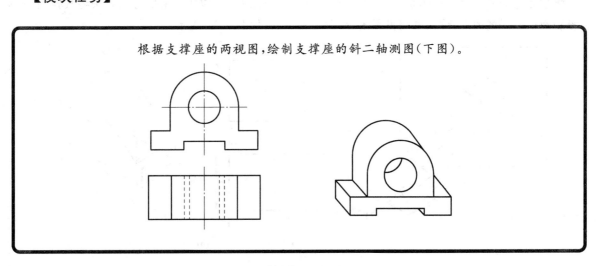

任务4.1 绘制六棱柱正等轴测图

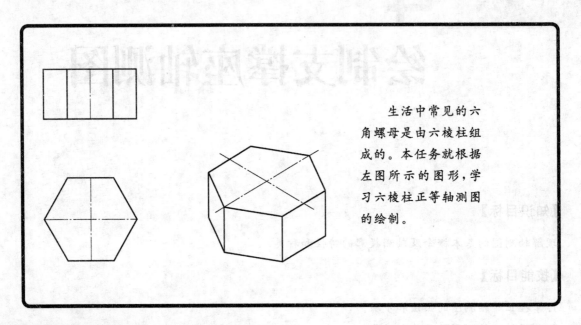

生活中常见的六角螺母是由六棱柱组成的。本任务就根据左图所示的图形,学习六棱柱正等轴测图的绘制。

4.1.1 轴测图

1. 轴测图的概念

将物体连同其直角坐标体系一起,沿不平行于任一坐标平面的方向,用平行投影法将其投射在单一投影面上所得的图形,称为轴测投影图,简称为轴测图,如图 4.1(a)所示。

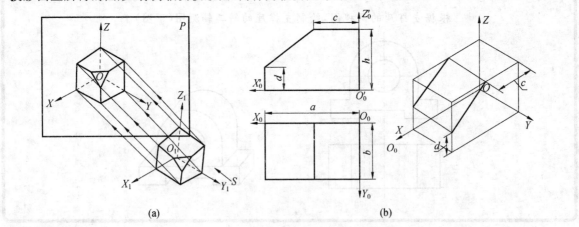

| (a) | | (b) |

图 4.1 轴测图

2. 轴测图的种类

轴测图有正轴测图和斜轴测图之分:由投影方向与轴测投影面垂直的方法画出的轴测图称为正轴测图;由投影方向与轴测投影面倾斜的方法画出的轴测图称为斜轴测图。

在轴测投影中,工程上应用最广泛的是正等测轴测图和斜二测轴测图,轴间角、轴向伸缩系数及简化伸缩系数见表4.1。

表 4.1 轴间角和轴向伸缩系数

项目		正等测投影	斜轴测投影
特性		投影线与轴测投影面垂直	投影线与轴测投影面倾斜
轴测类型		等测投影、斜二测投影	斜二测投影
简称		正等测	斜二测
应用举例	伸缩系数	$p_1=q_1=r_1=0.82$	$p_1=r_1=q_1,q_1=0.5$
	简化系数	$p=q=r=1$	无
	轴间角	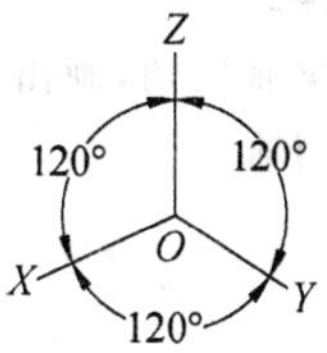	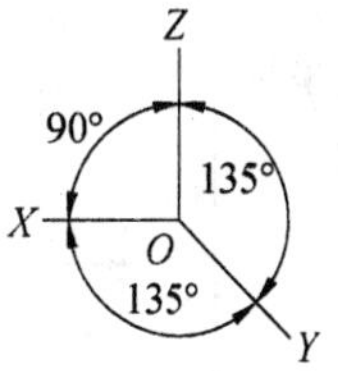
	例图	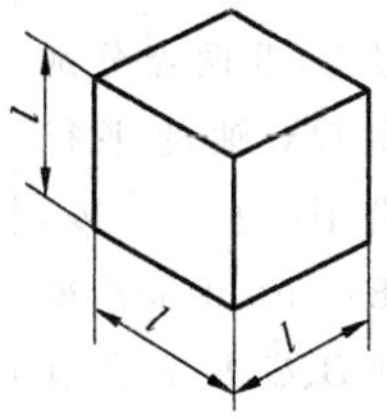	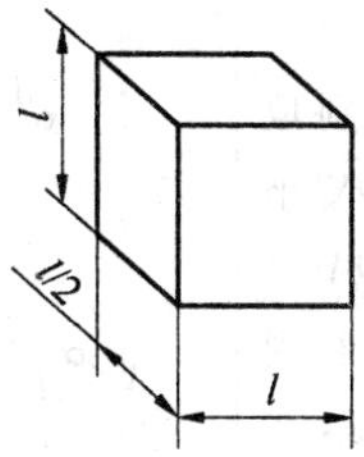

3. 轴测图的画法

画正等轴测图时,首先应选好坐标轴并画出轴测轴,然后根据坐标确定各顶点的位置,最后依次连线,完成整体的轴测图。具体画图时,应分析平面立体的形体特征,一般总是先画出物体上一个主要表面的轴测图,通常是先画顶面,再画底面;有时需要先画前面,再画后面。如图 4.1 (b)所示。

任务实施

过程	图例	过程	图例
步骤一： 在视图中选定坐标原点及坐标轴		步骤二： 根据轴间角，画出轴测轴	
步骤三： 在视图上分别取 Oa、Od，在 OX 坐标轴上取 $OA=Oa$，$OD=Od$，得到 A、D 点；同理，在 OY 轴上定出 Ⅰ、Ⅱ点的位置		步骤四： 过Ⅰ、Ⅱ两点分别作 OX 轴的平行线，$ⅠB=ⅠC=0.5bc$，$ⅡE=ⅡF=0.5ef$，得到 B、C、E、F 各点的位置；顺次连接各点，得到六棱柱顶面形状	
步骤五： 由点 A、B、C、D、E、F 沿 Z 轴方向量取正六棱柱高度，得下底面六边形上各顶点，依次连接各线段的端点		步骤六： 擦除轴测轴及不可见轮廓，加深加宽可见轮廓线，得到六棱柱正等轴测图	

任务 4.2 绘制垫块正等轴测图

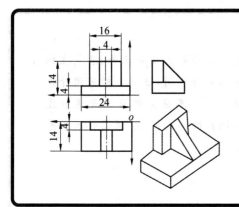

左图所示的垫块为一简单组合体，是由两个长方体与一个三棱柱组合而成的。只要画出底部长方体后，应用叠加法就可得到它的正等轴测图。

绘制多个简单立体组成的较复杂的物体轴测图时，应先绘制物体的主要组成部分，然后在此基础上进行叠加或切割就可得到它的轴测图。

任务实施

过程	图例	过程	图例
步骤一： 在视图中选定坐标原点及坐标轴		步骤二： 根据三视图中给定尺寸，画出底部的长方体	
步骤三： 利用叠加的方法，根据给定尺寸及相对位置关系，画出另一个长方形和三棱柱		步骤四： 擦除轴测轴及不可见轮廓，加深加宽可见轮廓线，得到垫块正等轴测图	

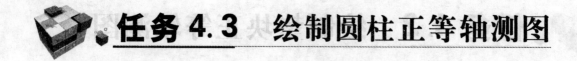

任务4.3 绘制圆柱正等轴测图

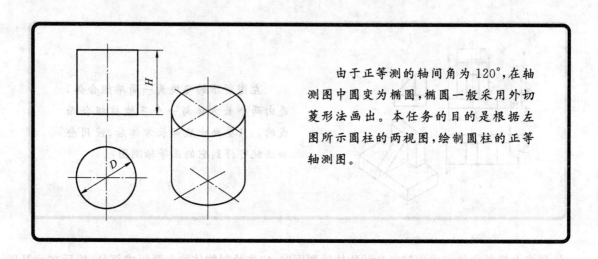

由于正等测的轴间角为120°,在轴测图中圆变为椭圆,椭圆一般采用外切菱形法画出。本任务的目的是根据左图所示圆柱的两视图,绘制圆柱的正等轴测图。

平行于坐标面的圆柱体,因其顶圆和底圆都平行于 XOY 面,所以它们的正等轴测图都是椭圆,将顶面和底面的椭圆画好,再作两椭圆的轮廓素线即可得圆柱的正等轴测图。

任务实施

绘制圆柱正等轴测图的步骤见表4.4。

表4.4 圆柱正等轴测图绘制步骤

过程	图例	过程	图例
步骤一: 在视图中选定坐标原点及坐标轴。过圆心 O 作坐标轴 OX 和 OY,再作圆的外切正方形,切点为1、2、3、4		步骤二: 作轴测轴 OX 和 OY,从原点沿轴向量得切点1、2、3、4,过这四点作轴测轴的平行线,得到圆柱顶面所对应的菱形;同理,在 Z 轴截取高度 H,得到圆柱底面对应的菱形	

续表 4.4

过程	图例	过程	图例
步骤三： 作菱形的对角线,过1、2、3、4各点作菱形各边的垂线,在菱形的对角线上得到四个交点 O_1、O_2、O_3、O_4,即代替椭圆圆弧的四段圆弧的中心。分别以 O_1、O_3 为圆心,$O_1 1$、$O_3 2$,为半径画圆弧,再以 O_2、O_4 为圆心,$O_2 1$、$O_4 2$ 为半径画圆弧,得到顶面的近似椭圆;同理得到底面的近似椭圆		步骤四： 作两椭圆的公切线,擦除轴测轴及不可见轮廓,加深加宽可见轮廓线,得到圆柱的正等轴测图	

任务4.4 绘制圆角弯板正等轴测图

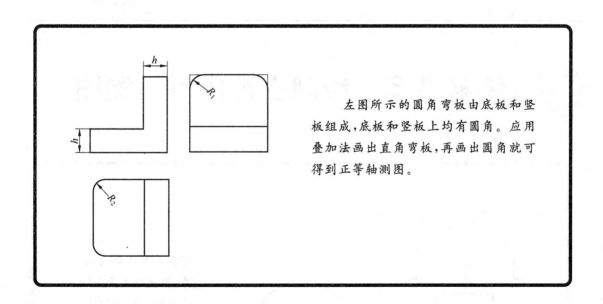

左图所示的圆角弯板由底板和竖板组成,底板和竖板上均有圆角。应用叠加法画出直角弯板,再画出圆角就可得到正等轴测图。

工程上常见到由 $\frac{1}{4}$ 圆弧所形成的圆角,其正等测投影为 $\frac{1}{4}$ 椭圆。作图过程类似平面图形中的圆弧连接,一般分为四个步骤：

(1)先在物体的一个表面上,由已知的圆弧半径,确定圆弧要经过的两切点;

(2)过两切点作已知线段的垂线,交点即为圆弧所在圆心;

(3)由求出的圆心和已知半径作圆弧;

(4)用圆心平移法,将圆心和切点向物体厚度方向平移,即可画出相同部分圆角的轴测图。

▶ 任务实施

过程	图例	过程	图例
步骤一：根据任务2绘制垫块的方法，画出直角弯		步骤二：在竖板前面一角，沿轴向量取倒角半径 R_1，然后分别作垂线，使两垂线相交，得到圆心 O，以 O 点到垂足的距离为半径，画出倒角圆弧；沿轴向向右平移圆心，应用同样的方法画出后面的倒角圆弧；作两圆弧的公切线	
步骤三：运用与步骤二一样的方法，画出底板的圆角		步骤四：重复步骤二和步骤三，直到画出四个圆角，擦除轴测轴及不可见轮廓，加深加宽可见轮廓线，得到圆角弯板的正等轴测图	

 # 任务4.5 绘制支撑座斜二测图

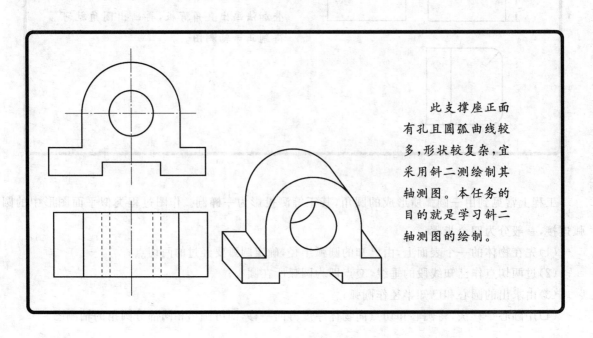

此支撑座正面有孔且圆弧曲线较多，形状较复杂，宜采用斜二测绘制其轴测图。本任务的目的就是学习斜二轴测图的绘制。

4.5.1 斜二轴测图

将物体上平行于 XOY 坐标面的平面放置成与轴测投影面平行,让投影方向与轴测投影面倾斜成一定的角度,所得的投影图称为斜二轴测投影图,简称斜二测。绘制斜二测的关键是正确定出轴测轴的方向。

1.斜二轴测图的轴间角、轴向伸缩系数

斜二轴测图的轴间角 $\angle XOZ=90°$,$\angle XOY=\angle YOZ=135°$,同时由图 4.1b 可知,$OY$ 轴与水平成 $45°$,可用 $45°$三角板和丁字尺画出。三根轴的轴向伸缩系数分别为 $p_1=1$,$q_1=0.5$,$r_1=1$。在绘制斜二轴测图时,沿轴测轴 OX 和 OZ 方向的尺寸,可按实际尺寸选取比例度量,沿 OY 方向的尺寸,要缩短一半度量。

斜二轴测图能反映物体正面的实形且画圆方便,适用于画正面有较多圆的机件轴测图。绘制穿孔圆锥台斜二轴测图的步骤见表 4.2。

表 4.2　穿孔圆锥台斜二轴测图绘制步骤

过程	图例	过程	图例
步骤一: 在视图中选定坐标原点及坐标轴	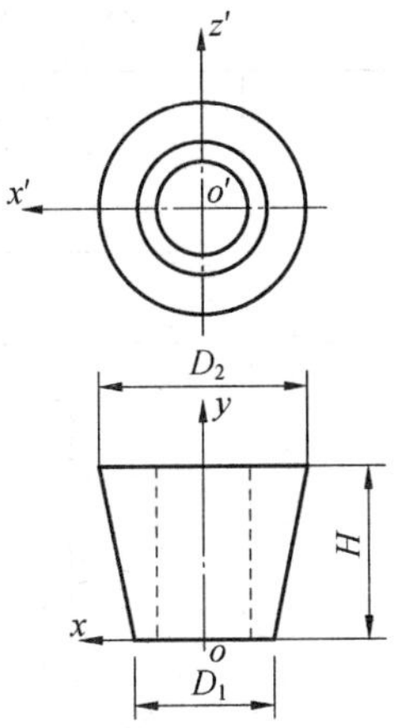	步骤二: 画出斜二轴测轴	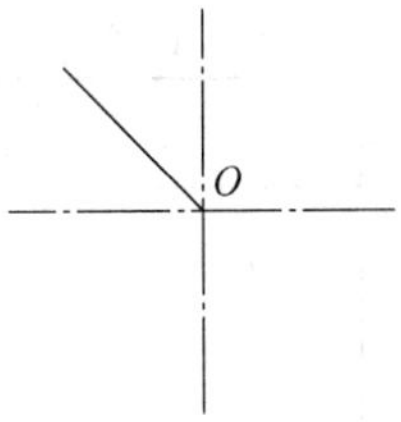
步骤三: 以 O 为中心,D_1 为直径画圆,得前端面的斜二测图	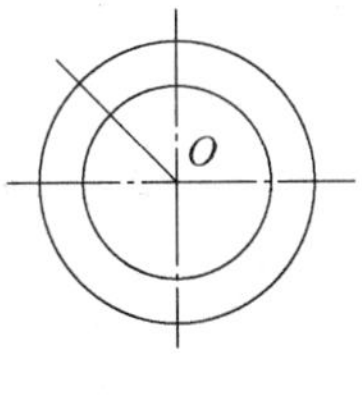	步骤四: 将中心后移 $H/2$,并以 D_2 为直径画圆,得后端面的斜二测图	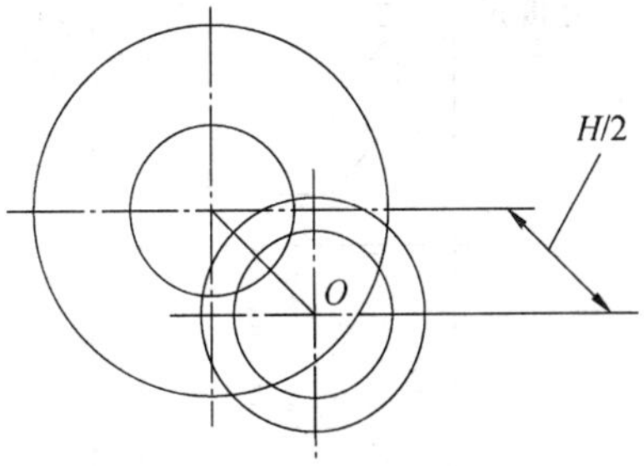
步骤五: 作前、后端面圆的公切线	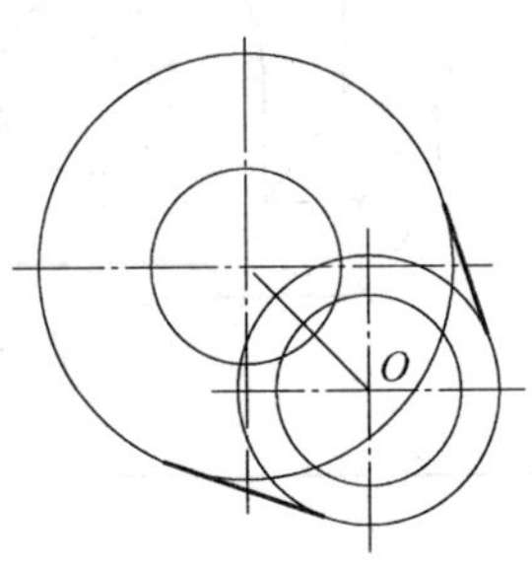	步骤六: 擦去多余图线,加深加宽可见轮廓线,得到穿孔圆锥台的斜二轴测图	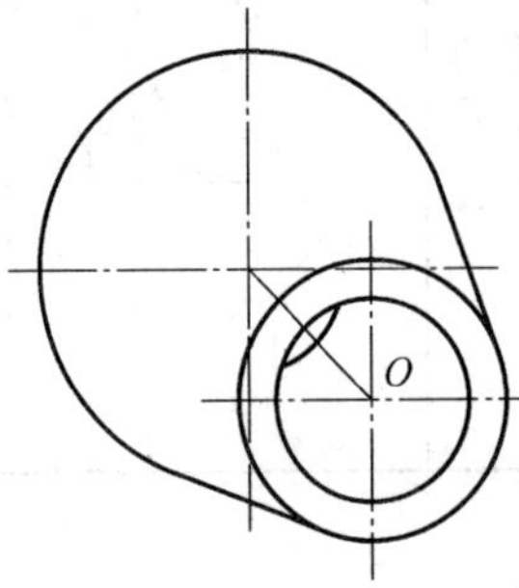

2.回转体斜二轴测图的画法

在斜二轴测图中,因为空间坐标面 XOZ 平行于轴测投影面,所以位于或平行于 XOZ 面的圆形及其他图形轴测图仍为实形;位于或平行于 XOY 面或 YOZ 面的圆形轴测图是大小相同的椭圆,它们的长轴分别与 X 轴和 Z 轴倾斜 $7°10'$。

▶ 任务实施

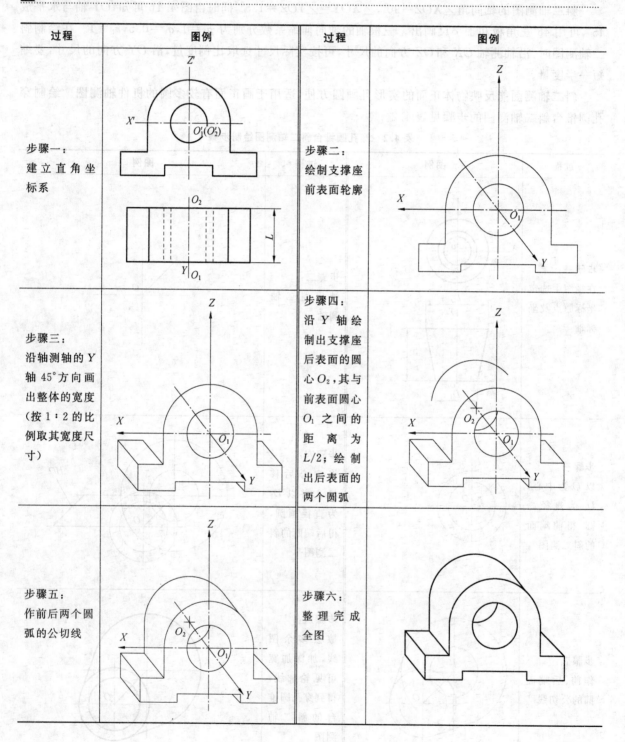

过程	图例	过程	图例
步骤一: 建立直角坐标系		步骤二: 绘制支撑座前表面轮廓	
步骤三: 沿轴测轴的 Y 轴 $45°$ 方向画出整体的宽度(按 $1:2$ 的比例取其宽度尺寸)		步骤四: 沿 Y 轴绘制出支撑座后表面的圆心 O_2,其与前表面圆心 O_1 之间的距离为 $L/2$;绘制出后表面的两个圆弧	
步骤五: 作前后两个圆弧的公切线		步骤六: 整理完成全图	

模块 5

绘制轴承座三视图

【知识目标】

1. 了解组合体的组合形式，掌握表面连接关系。
2. 了解截交线、相贯线的概念和基本性质。

【技能目标】

1. 熟练掌握求平面立体截交线的方法。
2. 熟练掌握圆柱体、圆锥体、圆球体截割的截交线的作图方法。
3. 熟练掌握求相贯线的方法，即表面取点法和辅助平面法。
4. 熟练运用形体分析法和线面分析法读组合体的三视图。
5. 掌握组合体三视图的画法。
6. 掌握标注组合体尺寸的方法。

【模块任务】

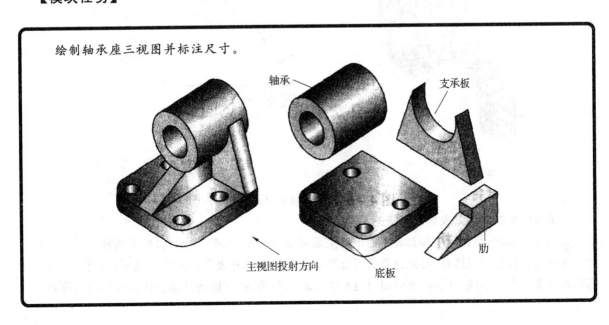

绘制轴承座三视图并标注尺寸。

 # 任务5.1 绘制支架三视图

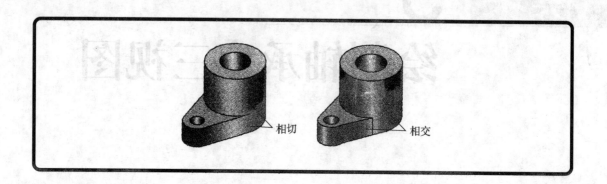

相切　　　　　相交

1. 组合体的构成

任何复杂的机器零件都是由若干个基本体按一定的连接方式组合而成的。通常称由两个或两个以上的基本几何体构成的物体为组合体。组合体的组合形式,可粗略地分为叠加型、切割型和综合型三种,如图5.1所示。

讨论组合体的组合形式,关键是搞清相邻两形体间的接合形式,以利于分析接合处两形体分界线的投影。画组合体三视图时,就可采用"先分后合"的方法。即先在想象中将组合体分解成若干个基本形体,然后按其相对位置逐个地画出各基本形体的投影,最后综合起来,即得到整个组合体的视图。这样,就可把一个复杂的问题分解成几个简单的问题加以解决。

为了便于画图,通过分析,将物体分解成若干个基本形体,并搞清它们之间相对位置和组合形式的方法,称为形体分析法。

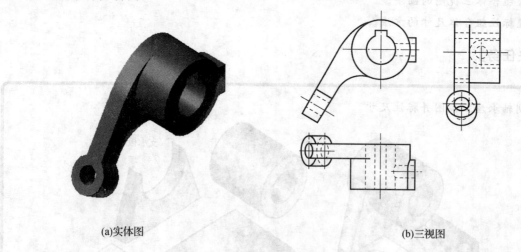

(a)实体图　　　　　　　　　　(b)三视图

图5.1　组合体的构成

2. 组合体中相邻形体表面的连接关系

如图5.2所示,组合体中相邻表面的连接关系可分为不平齐、平齐、相切、相交四种。

在对组合体进行表达时,必须注意其组合形式和各组成部分表面间的连接关系,这样在绘图时才能做到不多线和不漏线。同时,在读图时也必须注意这些关系,才能清楚组合体的整体结构形状。

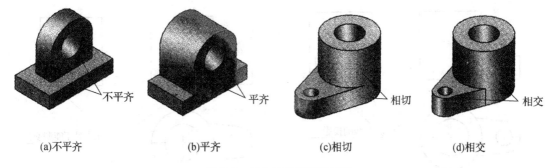

| (a)不平齐 | (b)平齐 | (c)相切 | (d)相交 |

图 5.2　组合体表面连接关系

① 当两形体的表面不平齐时,两形体的投影间应该有线隔开,如图 5.3(a)所示。图 5.3(b)中有漏线错误。因为,若中间没有线隔开就成了一个平面,该组合体的组合形式就变成了"平齐"。

② 当两个形体的表面平齐时,两形体的投影间应该没有线隔开,如图 5.4(a)所示。图 5.4(b)中有多线错误。因为,若画成两个线框就成了两个平面,该组合体的组合形式就变成"不平齐"。

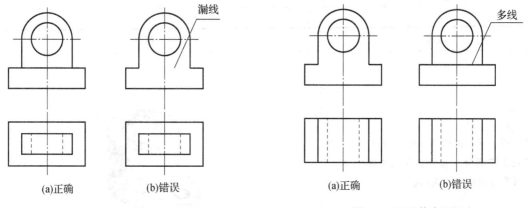

| (a)正确 | (b)错误 | (a)正确 | (b)错误 |

图 5.3　两形体表面不平齐　　　**图 5.4　两形体表面平齐**

③ 两形体的表面相切时,不应该画出切线的投影,如图 5.5 所示的平面与曲面相切。

④ 当两形体的表面相交时,在相交处应该画出交线的投影,如图 5.6 所示。

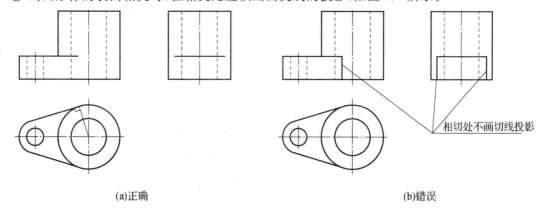

| (a)正确 | (b)错误 |

图 5.5　两形体表面相切

在实际应用时,对那些简单清楚或实难分辨的形体,没必要硬性分解,只要能清晰地作出投影即可。正确地掌握、熟练地运用形体分析法,对画图、看图和标注尺寸都非常有益。

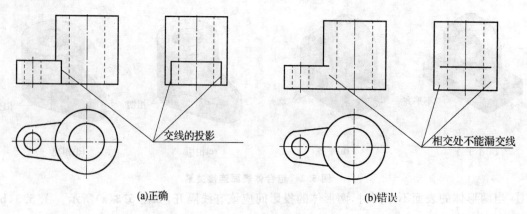

(a)正确   交线的投影   相交处不能漏交线   (b)错误

图5.6　两形体表面相交

▶ 任务实施

过程	图例
步骤一: 形体分析。支耳由两部分叠加而成,其中大圆筒是主体部分。选择能反映物体形体特征的投影方向作为主视图投影方向	相切
步骤二: 画大圆筒三视图	

续表

过程	图例
步骤三： 先作出支耳俯视图，再按"长对正"原理，作出支耳主视图	不画线 切点
步骤四： 按"高平齐、宽相等"原理作出支耳左视图	不画线 切点

 任务 5.2 绘制截切棱柱三视图

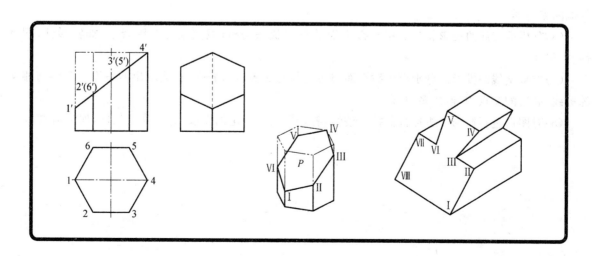

1. 截交线的形成

平面与立体表面相交而产生的交线称为截交线,该平面称为截平面。截平面可能不止一个,多个截平面切割立体时截平面之间可能有交线,也可能形成切口或挖切出槽口、空洞,图 5.7 所示为一些由切割形成的立体。

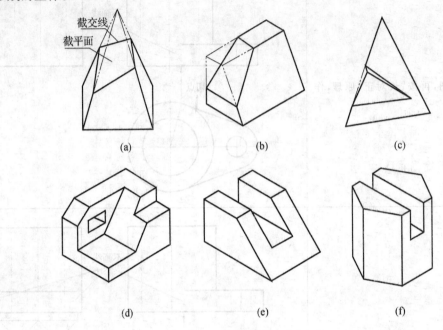

图 5.7　切割形成的立体

2. 截交线的性质

从图 5.7(a)所示可以得出:截交线既在截平面上,又在形体表面上。截交线一般具有如下性质:

(1)截交线既在截平面上又在立体表面上,是截平面与立体表面的共有线;

(2)截交线是封闭的平面图形。

3. 截切体投影图的绘制方法

平面立体的表面都是平面,截平面与它们的交线都是直线,所以整个立体被切割所得到的截交线将是封闭的平面多边形。多边形的各边是截平面与被截表面(棱面、底面)的交线,多边形的各顶点是截平面与被截棱线或底边的交点。因此,求作截平面与平面立体的截交线问题可归结为线面交点问题或面面交线问题。作图时可以两种方法并用。

(1)几何抽象。将形体抽象成基本立体,画出立体切割前的原始形状的投影。

(2)分析截交线的形状。分析有多少表面、棱线或底边参与相交,判别截交线是三角形、矩形还是其他的多边形。

(3)分析截交线的投影特性。根据截平面的空间状态,分析截交线的投影特性,如实形性、积聚性、类似性等。

(4)求截交线的投影。分别求出截平面与各参与相交的表面的交线,或求出截平面与各参与相交的棱线、底边的交点,并连成多边形。

(5)对图形进行修饰。去掉被截掉的棱线,补全原图中未定的图线,并分辨可见性,加深描黑。

任务实施

过程	图例
步骤一： 确定截交线的形状	
步骤二： 确定截交线的投影特性	
步骤三： 根据投影规律"宽相等"画出俯视图的宽度线，再由"长对正"原理作出截交线各端点在俯视图上的投影	
步骤四： 擦除多余线条，并加深轮廓线	

任务 5.3 绘制缺口圆柱的三视图

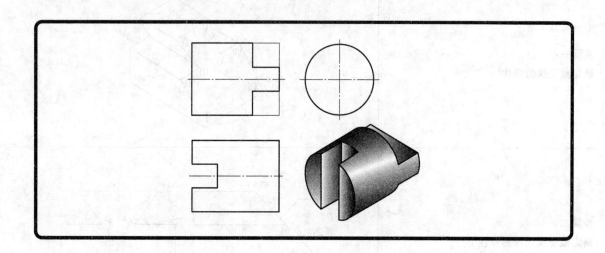

1. 平面截切回转体截交线的性质

(1)截交线是截平面与回转体表面的共有线。

(2)截交线都是封闭的平面图形。

(3)截交线的形状取决于回转体表面的形状及截平面与回转体轴线的相对位置。

2. 平面与回转体截切的作图方法

空间及投影特性:一是分析回转体的形状以及截平面与回转体轴线的相对位置,以便确定截交线的形状;二是分析截平面与投影面的相对位置,明确截交线的投影特性,如积聚性、类似性等。找出截交线的已知投影。作截交线的投影,当截交线的形状为非圆曲线时,作图步骤如下:

(1)找出特殊点投影;

(2)作出中间点投影;

(3)将各点光滑地连接起来,并判断截交线的可见性。

圆柱的截交线见表 5.1。

表 5.1 圆柱的截交线

截平面的位置	与轴线平行	与轴线垂直	与轴线倾斜
立体图			

续表 5.1

截平面 的位置	与轴线平行	与轴线垂直	与轴线倾斜
投影视图			
截交线 的形状	矩形	圆	椭圆

圆柱被正垂面斜切的作图示例如图 5.8 所示。

截平面 P 与圆柱的轴线倾斜,截交线为椭圆。P 面是正垂面,截交线的正面投影积聚在 p' 上;圆柱面的水平投影有积聚性,截交线的水平投影积聚在圆周上。

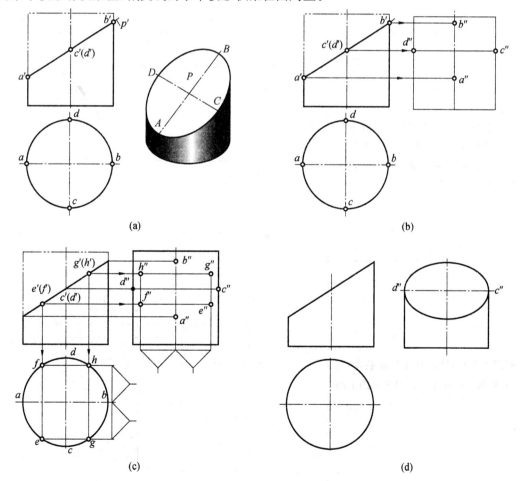

(a)   (b)

(c)   (d)

图 5.8 圆柱被正垂面斜切

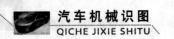
(1)求特殊点。最低点 A 和最高点 B 是椭圆长轴的两端点，也是位于圆柱最左、最右素线上的点。最前点 C 和最后点 D 是椭圆短轴的两端点，也是位于圆柱最前、最后素线上的点。

(2)求中间点。可先作出它们的水平投影 e、f、g、h 和正面投影 $e'(f')$、$g'(h)$，再作出侧面投影 e''、f''、g''、h''。

(3)依次光滑连接 a''、e''、c''、g''、b''、h''、d''、f''、a''，即为所求截交线椭圆的侧面投影。

任务实施

过程	图例
步骤一： 作出圆柱未被截切的三视图。在主视图上作出右侧被截切后的投影。在俯视图上作出左侧被截切后的投影	
步骤二： 由俯视图与左视图"宽相等"的原理，在左视图上作出左侧截切后的投影。由主、左视图"高平齐"，主、俯视图"长对正"的原理，在主视图上作出左侧截切后的投影	
步骤三： 按照三视图作图规律"长对正""高平齐"原理，作出右侧截切后在左视图和俯视图上的投影	

续表

过程	图例
步骤四： 擦除多余线条,描深轮廓线	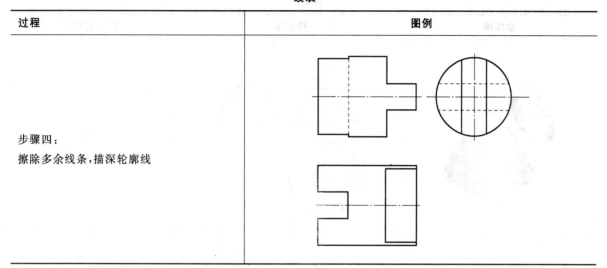

 任务 5.4　绘制顶尖三视图

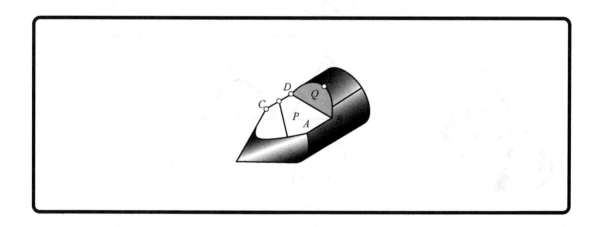

圆锥和球体的截交线见表 5.2。

表 5.2　圆锥和球体的截交线

立体图	投影图	截交线形状
		圆

续表 5.2

立体图	投影图	截交线形状
		椭圆
		抛物线
		双曲线
		三角形

续表 5.2

立体图	投影图	截交线形状
		圆

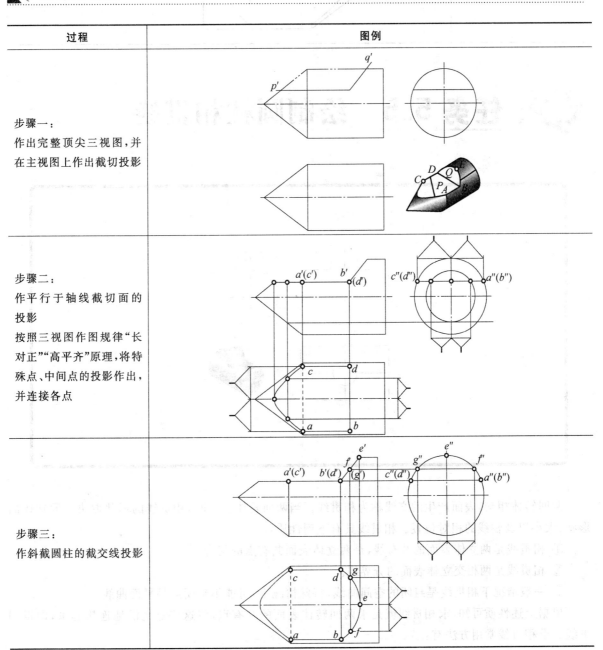

任务实施

过程	图例
步骤一： 作出完整顶尖三视图，并在主视图上作出截切投影	
步骤二： 作平行于轴线截切面的投影 按照三视图作图规律"长对正""高平齐"原理，将特殊点、中间点的投影作出，并连接各点	
步骤三： 作斜截圆柱的截交线投影	

续表

过程	图例
步骤四： 擦除多余线条，描深轮廓线	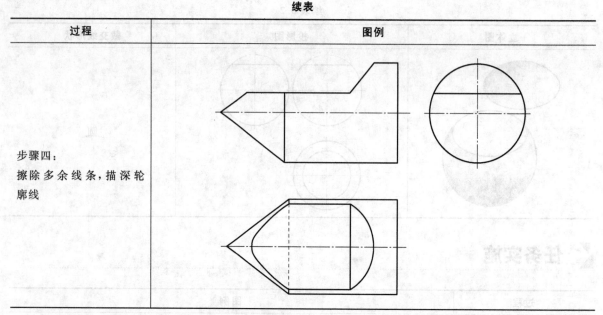

 任务5.5　绘制圆柱相贯线

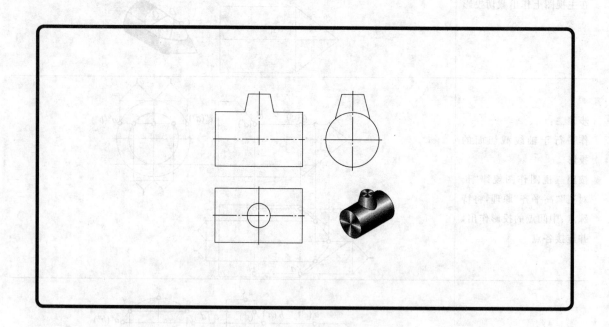

两回转体相交，表面产生的交线称为相贯线。当两回转体相交时，相贯线的形状取决于回转体的形状、大小以及轴线的相对位置。相贯线具有下列性质：

① 相贯线是两立体表面的共有线，是两立体表面共有点的集合。

② 相贯线是两相交立体表面的分界线。

③ 一般情况下相贯线是封闭的空间曲线，特殊情况下，可能不封闭或是平面曲线。

根据上述性质可知，求相贯线就是求两回转体表面的共有点，将这些点光滑地连接起来，即得相贯线。求相贯线常用方法有：

① 利用面上取点的方法求相贯线。

② 用辅助平面法求相贯线,即利用三面共点原理求出共有点。

本节只介绍利用面上取点的方法求相贯线。当相交的两回转体有一个是圆柱且轴线垂直于某投影面时,圆柱面在这个投影面上的投影具有积聚性,因此相贯线在这个投影面上的投影就是已知的。这时,根据相贯线共有线的性质,利用面上取点的方法按以下作图步骤可求得相贯线的其余投影:

① 首先分析圆柱面的轴线与投影面的垂直情况,找出圆柱面积聚性投影。

② 作特殊点。特殊点一般是相贯线上处于极端位置的点(最高、最低、最前、最后、最左、最右点),求出相贯线上特殊点,便于确定相贯线的范围和变化趋势。

③ 作一般点。为准确作图,需要在特殊点之间插入若干一般点。

④ 光滑连接。只有相邻两素线上的点才能相连,连接要光滑,注意轮廓线要到位。

⑤ 判别可见性:相贯线位于回转体的可见表面上时,其投影才是可见的。

下面介绍利用面上取点的方法求相贯线。

(1)两圆柱相贯。

求作轴线垂直相交的两圆柱的相贯线,如图 5.9 所示。

① 先求特殊点。点 I、II 为最左、最右点,也是最高点,又是前、后半个圆柱的分界点,是正面投影的可见、不可见的分界点。点 III、VI 为最低点,也是最前、最后点,又是侧面投影上可见、不可见的分界点。利用线上取点的方法,由已知投影 1、2、3、4 和 1″、2″、3″、4″可求出 1′、2′、3′、4′。

② 求一般点。由相贯线水平投影直接取 5、6、7、8 点求出它们的侧面投影 5″(7″)、6″(8″),再由水平投影、侧面投影求出正面投影 5′(6′)、7′(8′)。

③ 光滑连接各点,判别可见性。相贯线前后对称,后半部与前半部重合,依次光滑连接 1′,5′,3′,7′,2′各点,即为所求。

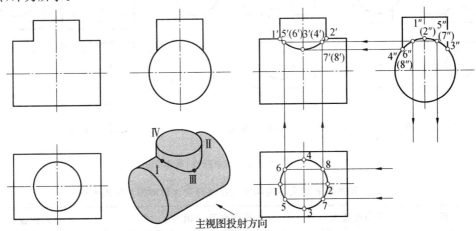

图 5.9　轴线互相垂直的两圆柱面的画法

工程上两圆柱正交的实例很多,为了简化作图,国家标准规定,允许采用简化画法作出相贯线的投影,即以圆弧代替非圆曲线。当轴线垂直相交,且轴线均平行于正面的两个不等径圆柱时,相贯线的正面投影以大圆柱的半径为半径画圆弧即可,如图 5.10 所示。

(2)轴线垂直相交两圆柱三种基本形式。

① 两外圆柱相交,外圆柱面与内圆柱面相交,两内圆柱面如图 5.11 所示。

② 相交两圆柱面的直径大小和相对位置的变化对相贯线的影响。

当两圆柱相贯时,两圆柱面的直径大小变化对相贯线空间形状和投影形状变化的影响见表5.3。这里要特别指出的是,当轴线相交的两圆柱面公切于一个球面时(两圆柱面直径相等),相贯线是平面曲线——椭圆,且椭圆所在的平面垂直于两条轴线所确定的平面。

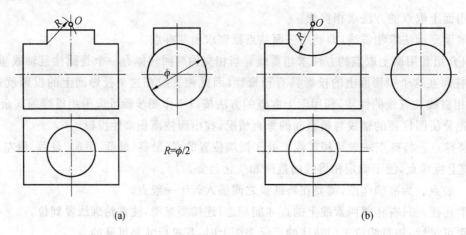

图 5.10　不等径圆柱垂直相贯的简化画法

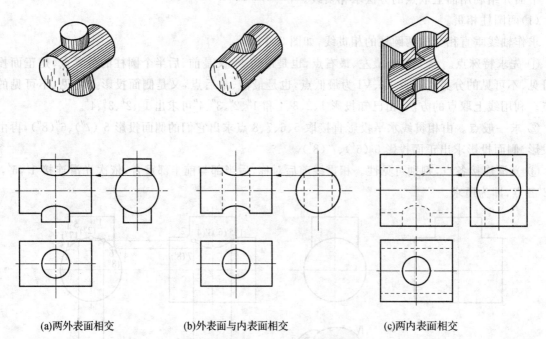

(a)两外表面相交　　　(b)外表面与内表面相交　　　(c)两内表面相交

图 5.11　两圆柱面相交的三种基本形式

表 5.3　轴线垂直相交的两圆柱直径相对变化时对相贯线的影响

两圆柱直径的关系	水平圆柱较大	两圆柱直径相等	水平圆柱较小
相贯线的特点	上、下两条空间曲线	两个互相垂直的椭圆	左、右两条空间曲线
投影图			

③ 相交两圆柱面轴线的相对位置变化时对相贯线的影响见表5.4。

表5.4　相交两圆柱轴线相对位置变化时对相贯线的影响

两轴线垂直相交	两轴线垂直交叉		两轴线平行
	全贯	互贯	

(3)相贯线的特殊情况。

两回转体相交,在一般情况下相贯线为空间曲线。但在特殊情况下,相贯线为平面曲线或直线,如图5.12所示。

① 当相交两回转体具有公共轴线时,相贯线为圆,在与轴线平行的投影面相贯线上相贯线的投影为一直线段,在与轴线垂直的投影面上相贯线的投影为圆的实形。

② 当圆柱与圆柱相交时,若两圆柱轴线平行,则其相贯线为直线。

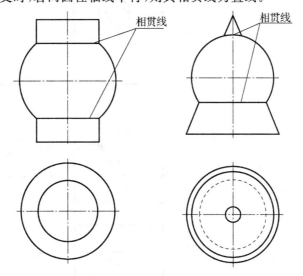

图 5.12　相贯线的特殊情况

任务实施

过程	图例
步骤一： 作出两立体相贯的轮廓图	
步骤二： 根据"高平齐"原理,作出主左视图特殊点的投影	
步骤三： 根据"长对正""宽相等"原理,作出俯视图特殊点的投影	

续表

过程	图例
步骤四： 在左视图上指定中间点，并作出中间点的俯视图投影	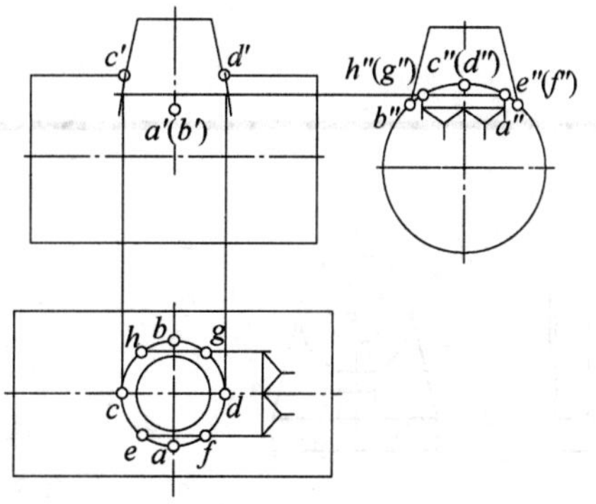
步骤五： 作出中间点在主视图上投影	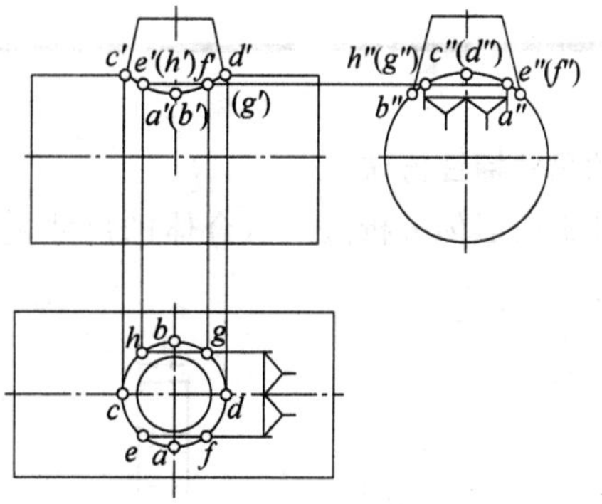
步骤六： 光滑地连接各点，描深图线	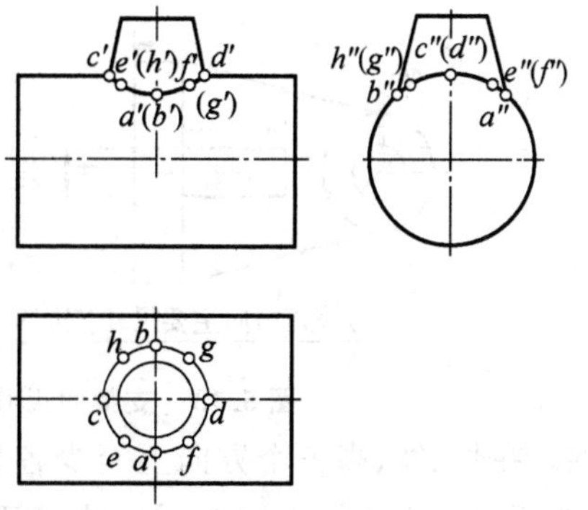

　　要准确地表达组合体的形状和大小，必须在视图中标注尺寸。组合体视图上尺寸标注的基本要求是齐全和清晰，并遵守国家标准有关尺寸标注的规定。

任务 5.6　标注轴承座的尺寸

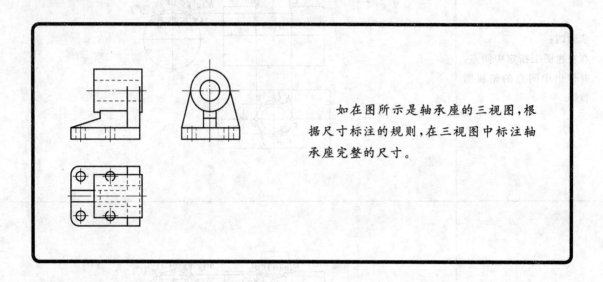

如在图所示是轴承座的三视图,根据尺寸标注的规则,在三视图中标注轴承座完整的尺寸。

1.组合体视图的尺寸标注方法

组合体标注尺寸常用形体分析法。组合体的尺寸主要有定形尺寸和定位尺寸两种,有时还要标注总体尺寸。

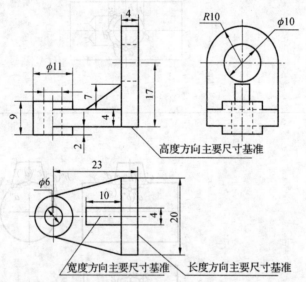

图 5.13　支架的尺寸标注图

(1)选定尺寸基准。在长、宽、高三个方向上至少各要有一个主要基准,通常是主要的端面、对称面、轴线等。如图 5.13 所示的组合体中,长度方向的主要尺寸基准为右端面,宽度方向的主要尺寸基准为前后对称面,高度方向的主要尺寸基准为底面。

(2)标注定形尺寸。确定组合体中基本几何体形状大小的尺寸。如图 5.13 所示,圆柱的直径 11、6 和高 9 以及肋板长 10、宽 4、高 7 等均为定形尺寸。

(3)标注定位尺寸。确定组合体中各基本几何体之间相对位置的尺寸,实际上就是确定体上某些点(如圆心)、线(如轴线)、面(指主要端面、对称面等)的位置尺寸,通常需要长、宽、高三个方向的定位尺寸。如在图 5.13 中,主视图的尺寸 2 为圆柱高度方向的定位尺寸,17 为孔 10 高度方向的定位尺寸;俯视图中的 23 为圆柱长度方向的定位尺寸;其余都是定形尺寸。

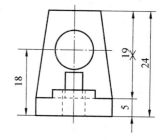

图 5.14 总体尺寸的标注

(4)标注总体尺寸。确定组合体的总长、总宽、总高的尺寸。如图 5.13 中的尺寸 20。

尺寸标注要完整,不能遗漏也不能重复。在标注总体尺寸后,要对尺寸进行调整,在哪个方向上标注了总体尺寸就应从该方向上去掉一个尺寸,防止尺寸重复。如图 5.14 中注总高 24,这时在高度方向就产生了多余尺寸,破坏了尺寸齐全的基本要求,因为总高尺寸等于底板高 5 和支承板高 19 之和,根据其中任何两个尺寸就能确定第三个尺寸。因此,如果需要标注总体尺寸时,则需在相应方向少注一个定形尺寸,在图 5.14 中尺寸 19 就不应注出。

当组合体的一端为回转面时,该方向的总体尺寸一般不注出,只标注轴线的尺寸,如图 5.13 中未注总长、总高尺寸,只标注出轴线的定位尺寸。

2. 标注尺寸时应注意的问题

(1)不注多余尺寸。在同一张图上有几个视图时,同一基本几何体的每一个尺寸一般只标注一次,如图 5.15 所示。

(2)不在截交线和相贯线上标注尺寸。截交线和相贯线是基本几何体被切割或相交后自然产生的,因此在标注尺寸时,只标注出基本几何体的定形尺寸、定位尺寸和截平面的定位尺寸,而不在截交线和相贯线上标注尺寸,如图 5.16 所示。

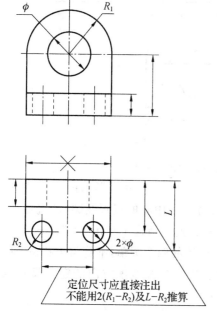

图 5.15 不注重复尺寸

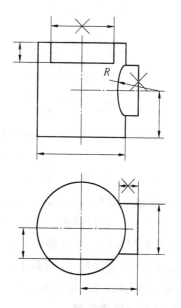

图 5.16 不在截交线和相贯线上标注尺寸

(3)回转体尺寸的标注法。在标注圆柱等回转体的直径时,通常将直径注在非圆的视图上,而不是标注在投影为圆的视图上。标注半径尺寸时则应标注在投影为圆弧的视图上,如图 5.17 所示。

(4)相关尺寸集中标注。为了便于看图,表示同一形体的尺寸应尽量集中在一起。为了避免尺寸线相交,应将小尺寸注在内,大尺寸注在外。如图 5.17 中表示凹槽的尺寸都注在主视图上,底板的尺寸也应尽量集中。

(5)尺寸应注在反映形体特征最明显的视图上,尽量不在虚线上标注尺寸,如图 5.18 所示。

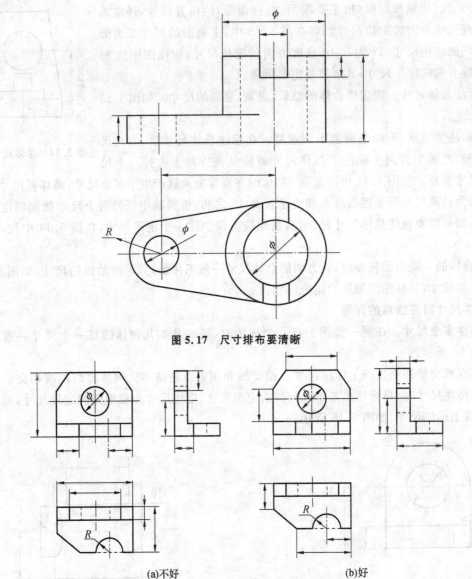

图 5.17 尺寸排布要清晰

(a)不好　　　　　　　　(b)好

图 5.18 尺寸应注在反映形体特征最明显的视图上

如图 5.19 所示列举了常见简单形体的尺寸注法,这里要注意各种底面形状的尺寸注法。如图 5.19(e)所示圆盘上均布小孔的定位尺寸,应标注定位圆(过各小圆中心的点画线圆)的直径和过小圆圆心的径向中心线与定位圆的水平中心线(或铅垂中心线)的夹角。当这个夹角为 0°、30°、45°、60°时,角度定位尺寸可以不注。必须特别指出,如图 5.19(d)所示柱体的四个圆角,不管与小孔是否同心,整个形体的长度尺寸、宽度尺寸、圆角半径,以及四个小孔的长度方向和宽度方向的定位尺寸,都要注出。当圆角与小孔同心时,应注意上述尺寸数值之间不得发生矛盾。

3. 组合体尺寸标注步骤

标注组合体尺寸通常按以下步骤进行:

① 进行形体分析。将组合体分解为若干基本形体。

② 选择长、宽、高三个方向的尺寸基准,逐一注出各基本形体之间相对位置的定位尺寸。

③ 逐个标注出各基本形体的定形尺寸。

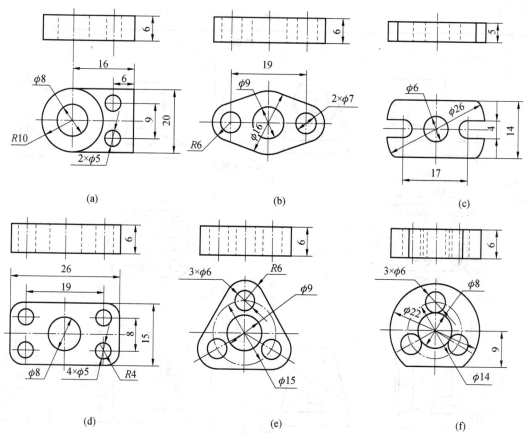

图 5.19　常见简单形体尺寸注法

任务实施

过程	图例		
步骤一：选择尺寸基准，标注定位尺寸	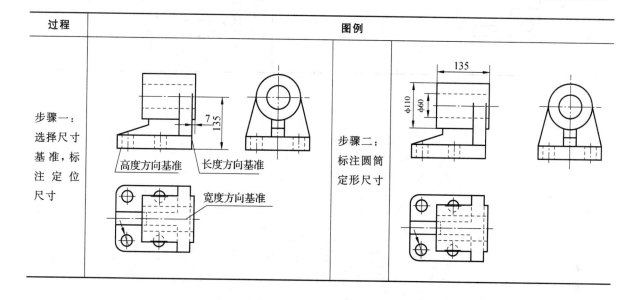	步骤二：标注圆筒定形尺寸	

75

过程	图例

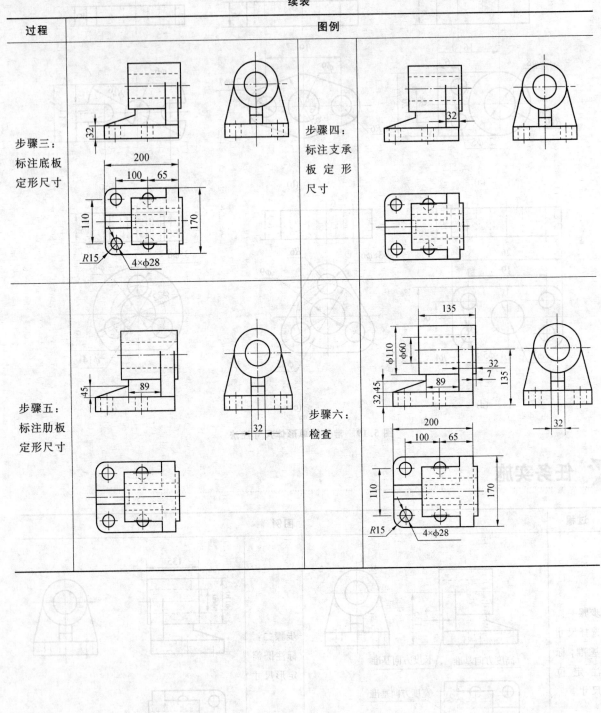

步骤三：
标注底板
定形尺寸

步骤四：
标注支承
板 定 形
尺寸

步骤五：
标注肋板
定形尺寸

步骤六：
检查

模块 6

识读压紧杆视图

【知识目标】

1. 了解机械图样几种常用表示法的适用场合。
2. 熟悉基本视图、向视图、局部视图、斜视图的基本要求。

【技能目标】

1. 掌握基本视图、向视图、局部视图、斜视图的绘制方法。
2. 学会针对不同机械零件的形状特征采用合适的表示方法正确、清晰地绘制机械图样。

【模块任务】

三视图已不能清楚明了地表达压紧杆的形状和大小，我们将选择其他一些适当的表达方法，将压紧杆表达清楚。

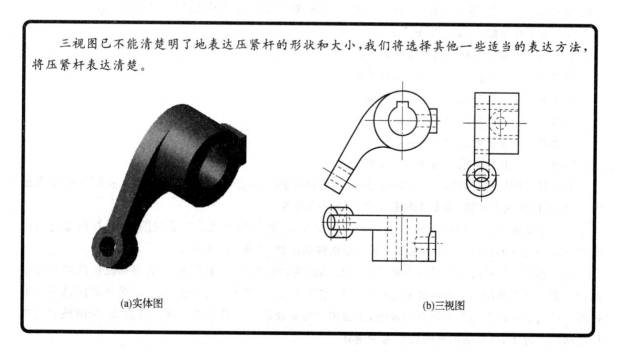

(a)实体图   (b)三视图

任务6.1　绘制异形块向视图

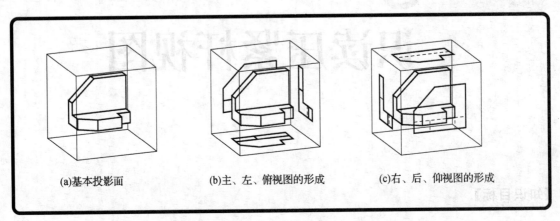

(a)基本投影面　　　(b)主、左、俯视图的形成　　　(c)右、后、仰视图的形成

机件向投影面投射所得的图形称为视图。视图主要用来表达机件外部形状结构。一般仅画出机件的可见部分,必要时才用虚线画出不可见部分。

视图包括基本视图、向视图、局部视图和斜视图四种。

1. 基本视图

当机件的外形比较复杂时,为了清晰地表达机件各个方向的形状,可在原有三个投影面的基础上,再增加三个相互垂直的投影面,从而构成一个正六面体,这个正六面体的六个侧面称为基本投影面。将机件放入正六面体内,然后分别向六个基本投影面进行投射,在六个基本投影面上所得到的六个视图称为基本视图,除主视图、俯视图和左视图外,新增加了右视图、仰视图、后视图。

六个基本视图的名称、方向如下:

主视图——从前向后投射所得的视图;

俯视图——从上向下投射所得的视图;

左视图——从左向右投射所得的视图;

右视图——从右向左投射所得的视图;

仰视图——从下向上投射所得的视图;

后视图——从后向前投射所得的视图。

基本投影面展开时,规定正面不动,其余投影面按图6.1所示展开。按上述关系配置的基本视图,一律不标注视图名称,即不注图6.1中括号中的图名。

六个基本视图之间仍符合"长对正、高平齐、宽相等"的投影规律。除后视图外,各视图靠近主视图的一面是机件的后面,远离主视图的一面是机件的前面,如图6.2所示。

在表达某一机件时并不是所有机件都需要画出主、俯、左三个视图,而是应根据机件的结构特点选用必要的基本视图。一般应优先选用主、俯、左三个视图,若不合适或表达不清时再考虑选用其他视图。任何机件的表达都必须有主视图,主视图应尽量反映机件的主要轮廓。在完整、清晰地表达机件形状的前提下,所采用的视图数量越少越好。

2. 向视图

向视图是可自由配置的视图。如果视图不能按基本视力配置时,则应在向视图的上方标注"×"(为大写的拉丁字母),在相应的视图附近用箭头指明投射方向,并注上相同的字母,如图6.3所示。

向视图的标注应注意以下两点：

（1）表示向视图名称的字母，应与正常的读图方向一致；

（2）表示投射方向的箭头尽可能配置在主视图上，表示后视图的投射方向的箭头最好配置在左视图或右视图上。

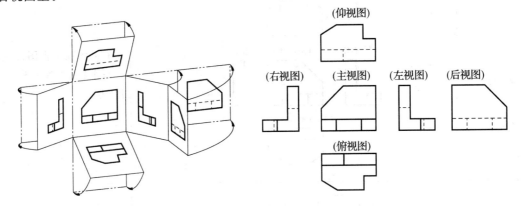

图 6.1　六个基本视图的形成

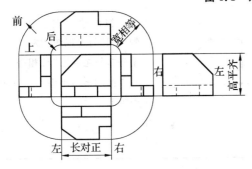

图 6.2　六个基本视图的对应关系

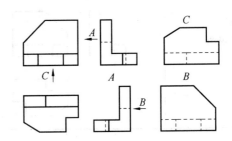

图 6.3　向视图及其标注

任务实施

过程	图例	知识点
步骤一： 布图，先画主视图	（主视图）	把最能反映物体形状的一面作为主视图。括号里面的图名不能出现在最终图纸上
步骤二： 绘制俯视图和仰视图	（仰视图） （主视图） （俯视图）	仰视图在主视图的上方，并且与主视图"长对正"，与俯视图"宽相等"

续表

过程	图例	知识点
步骤三： 画左、右视图	(仰视图) (右视图) (主视图) (左视图) (俯视图)	右视图在主视图的左侧，并且与主视图"高平齐"，与左视图"宽相等"
步骤四： 画后视图		后视图绘制在左视图的右侧，并且与主视图和左视图"高平齐"，与主视图"长相等"。括号里面的图名不能出现在最终图纸上

任务6.2 识读压紧杆视图的表达方法

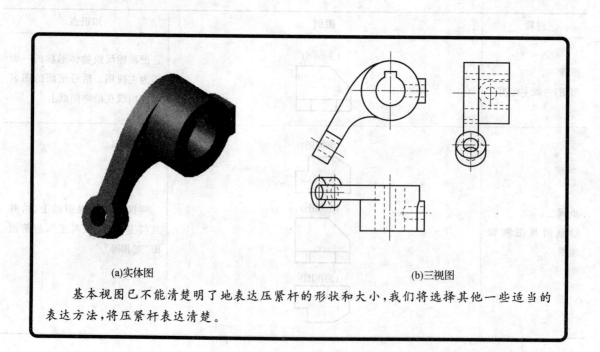

(a)实体图　　　　　　　　　　　　　(b)三视图

　　基本视图已不能清楚明了地表达压紧杆的形状和大小，我们将选择其他一些适当的表达方法，将压紧杆表达清楚。

1.局部视图

当采用一定数量的基本视图后,机件上仍有部分结构形状尚未表达清楚,但又没有必要再画出完整的其他部分的基本视图,这时可采用局部视图来表达。

将机件的某一部分向基本投影面投射所得的视图,称为局部视图。局部视图是不完整的基本视图,利用局部视图可以减少基本视图的数量,使表达简洁,重点突出。

如图6.4(a)所示,机件左右两侧的凸台在主、俯视图未表达清楚,若因此再画两个基本视图(左视图和右视图),如图6.4(b)所示,则大部分为重复表达,这时可分别用局部视图进行表达。即只画出基本视图的一部分,使左、右凸台的形状更清晰,图形更为简练,如图6.4(c)所示。

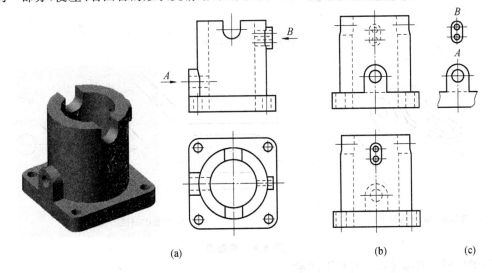

(a)　　　　　　　　　　　　　(b)　　　　　(c)

图6.4　局部视图

局部视图的画法和标注应符合如下规定:

(1)局部视图一般用波浪线表示断裂部分的边界,如图6.4(c)中的局部视图A;

(2)当表示的局部结构外轮廓线呈完整的封闭图形时,波浪线可省略,如图6.4(c)中的局部视图B;

(3)局部视图按基本视图的配置形式配置时,可不标注,如图6.4中的局部视图A亦可不进行标注;

(4)局部视图按向视图的形式配置时,标注方法同向视图;

(5)波浪线应画在断裂处的实体部分。因此,波浪线不应超过轮廓线,且不能与其他图线重合,也不应画在中空处,如图6.5所示。

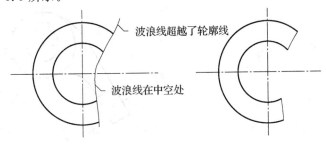

图6.5　波浪线的画法

2.斜视图

机件向不平行于基本投影面的平面投射所得的视图称为斜视图。

斜视图主要用于表达机件上倾斜部分的实形,如图6.6(a)所示的连接弯板,其倾斜部分的基本视图上不能反映实形,为此,可选用一个新的投射面,使它与机件的倾斜部分的表面平行,然后将倾斜部分向新投射面投影,这样便可在新投射面得到倾斜部分的实形,如图6.6(b)所示。此图通常选用的表达形式如图 6.6(c)所示。

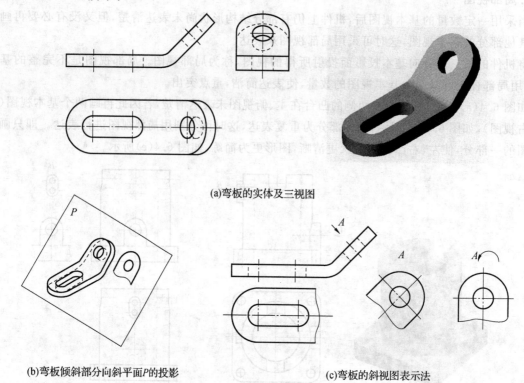

(a)弯板的实体及三视图

(b)弯板倾斜部分向斜平面P的投影

(c)弯板的斜视图表示法

图 6.6 斜视图

斜视图的画法和标注应符合如下规定：

(1)斜视图一般按向视图的形式配置并标注；

(2)必要时也可配置在其他适当位置,在不至于引起误解时,允许将视图旋转配置,表示该视图名称的大写拉丁字母应靠近旋转符号的箭头端,也允许将旋转角度标注在字母之后。

(3)斜视图仅表达倾斜表面的真实形状,其他部分用波浪线断开。

任务实施

过程	绘图结果
步骤一： 绘制出压紧杆的主视图	

续表

过程	绘图结果
步骤二： 根据压紧杆的实体特性可以看出，俯视图只需画出右侧即可，左侧不适合在此处体现	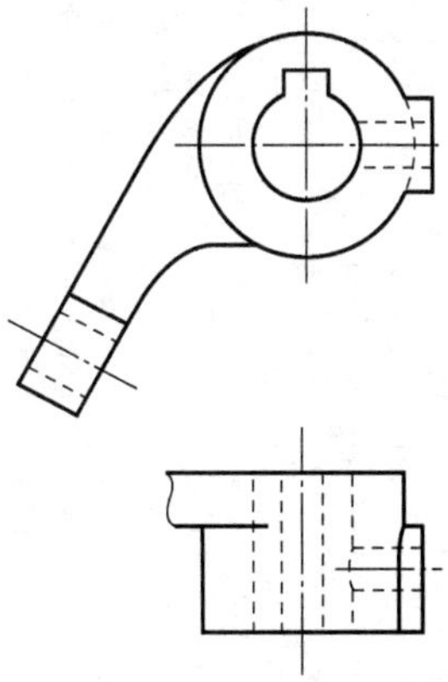
步骤三： 从压紧杆的形状特征可以看出，其杆部形状需要另外加一个倾斜的投影面进行投影，此时需要采取斜视图表达	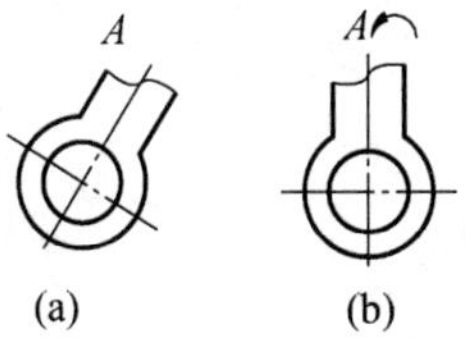
步骤四： 压紧杆右侧还有一个小凸台没有表达出来，此时可以采取局部视图来体现	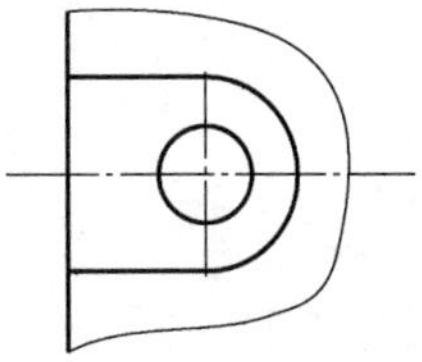
步骤五： 综上所述，该实体采用了四个图形，包括基本视图、局部视图、斜视图三种表达方法，最终效果如右图所示	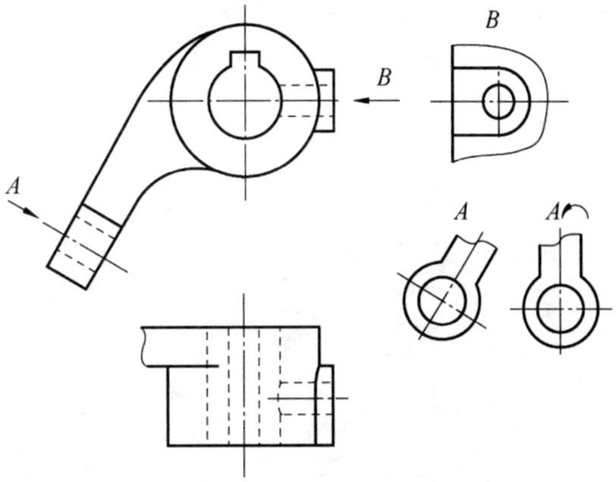

模块 **7**

识读汽车法兰盘视图

【知识目标】

1. 了解不同剖切方法的适用场合。
2. 熟悉不同剖切的基本表达方法。

【技能目标】

1. 掌握不同剖切的绘制方法。
2. 学会针对不同形状特征的零件,采用适合的方法,正确清晰的绘制图样。

【模块任务】

视图主要是用来表达机件外部形状的画法,当机件内部形状比较复杂时,视图上会出现许多虚线,不便于看图和标注尺寸,为了清晰表达机件内部结构,常采用剖视的画法。剖视图按剖切范围可分为全剖、半剖和局部剖,按剖切面数量和位置又分为单一剖、平行剖和相交剖。我们应该了解每一种视图的适用场合和基本画法。

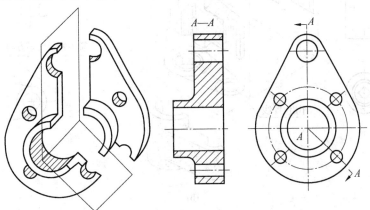

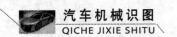
 任务 7.1　绘制支架全剖视图

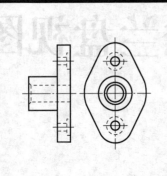

该零件带有多个不同形式的内孔，主视图虚线较多，不易清楚表达，也不便标注尺寸。本任务的目的是弥补主视图虚线多的缺点，将主视图改画成剖视图。

1. 剖视图的概念

假想用一剖切平面剖开机件，然后将处在观察者和剖切平面之间的部分移去，将其余部分向投影面投影所得的图形，称为剖视图（简称剖视）。

2. 剖视图的形成

如图 7.1(a) 所示的机件，在主视图中，用虚线表达其内部结构，不够清晰。按照图 7.1(b) 所示的方法，假想沿机件前后对称平面把它剖开，拿走剖切平面前面的部分后，将后面部分再向正投影面投影，这样，就得到了一个剖视的主视图。如图 7.1(c) 所示为机件剖视图的画法。

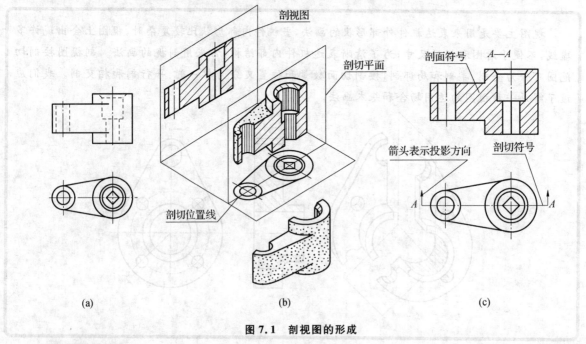

图 7.1　剖视图的形成

3. 剖视图的画法

画剖视图时，首先要选择适当的剖切位置，使剖切平面尽量通过较多的内部结构（孔、槽等）的轴线或对称平面，并平行于选定的投影面。如在图 7.1 中，以机件的前后对称平面为剖切平面。

其次,内外轮廓要画齐。机件剖开后,处在剖切平面之后的所有可见轮廓线都应画齐,不得遗漏。

剖面符号应画成与水平方向成45°角的互相平行、间隔均匀的细实线。同一机件各个视图的剖面符号应相同。但是如果图形的主要轮廓线与水平方向成45°或接近45°角时,该图剖面线应画成与水平方向成30°或60°角,其倾斜方向仍应与其他视图的剖面线一致,如图7.2所示。

4. 剖视图的标注

剖视图的标注应该包括三部分:剖切平面的位置、投影方向和剖视图的名称。标注方法如图7.3所示,在剖视图中用剖切符号(即粗短线)标明剖切平面的位置,并写上字母;用箭头指明投影方向;在剖视图上方用相同的字母标出剖视图的名称"×—×"。

5. 画剖视图应注意的问题

(1)剖视只是一种表达机件内部结构的方法,并不是真正剖开和拿走一部分。因此,除剖视图以外,其他视图要按原来形状画出。

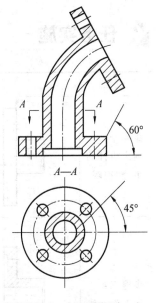

图 7.2　剖面线画法

(2)剖视图中一般不画虚线,但如果画少量虚线可以减少视图数量,而又不影响剖视图的清晰度时,也可以画出这种虚线。

(3)机件剖开后,凡是看得见的轮廓线都应画出,不能遗漏。要仔细分析剖切平面后面的结构形状,分析有关视图的投影特点,以免画错。如图7.3所示是剖面形状相同,但剖切平面后面的结构不同的三块底板的剖视图的例子。要注意区别它们不同之处在什么地方。

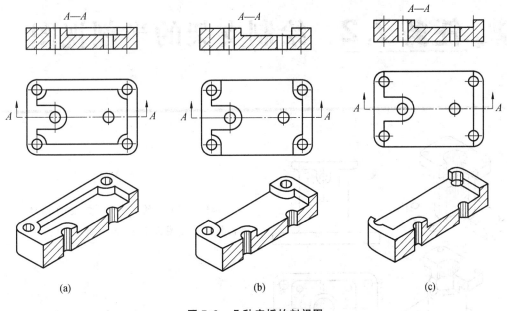

(a)　　　　　　　　(b)　　　　　　　　(c)

图 7.3　几种底板的剖视图

▲ 任务实施

过程	图例	过程	图例
步骤一： 画出机件的 主、左视图		步骤二： 将主视图虚 线变实线	
步骤三： 加上剖面线		步骤四： 正确标注	

任务7.2　绘制支架的半剖视图

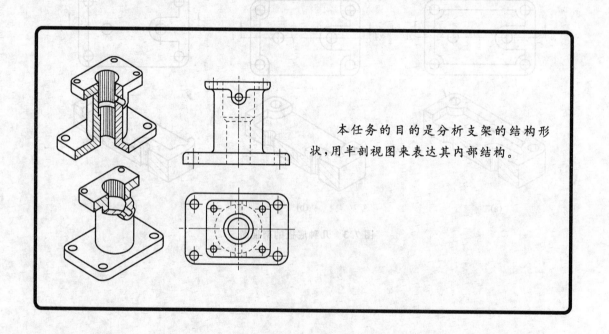

本任务的目的是分析支架的结构形状，用半剖视图来表达其内部结构。

当机件具有对称平面时，以对称中心线为界，在垂直于对称平面的投影面上投影得到的，由半个剖视图和半个视图合并组成的图形称为半剖视图。

如图7.4(b)中主视图和俯视图都用全剖视图，虽然把内部结构表达清楚了，但外部形状还没有表达清楚。半剖视图既充分地表达了机件的内部结构，又保留了机件的外部形状，因此它具有内外兼顾的特点。但半剖视图只适宜表达对称的或基本对称的机件。

半剖视图的标注方法与全剖视图相同。图 7.4(c)中主视图所采用的剖切平面通过机件的前后对称平面,所以不需要标注;而俯视图所采用的剖切平面并非通过机件的对称平面,所以必须标出剖切位置和名称,但箭头可以省略。

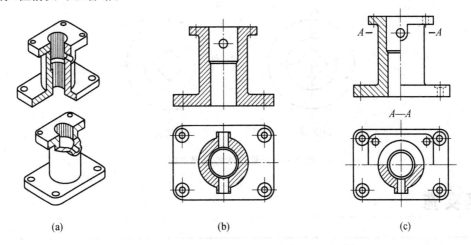

(a)   (b)   (c)

图 7.4 半剖视图及其标注

画半剖视图时应注意以下几点:

(1)具有对称平面的机件,在垂直于对称平面的投影面上,才宜采用半剖视。如机件的形状接近于对称,而不对称部分已另有视图表达时,也可以采用半剖视。如图 7.5 所示。

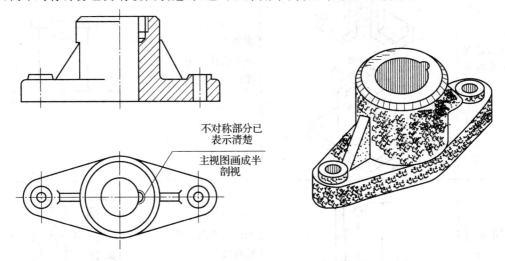

图 7.5 基本对称物体的半剖视图

(2)半个剖视和半个视图必须以细点画线为界。如果作为分界线的细点画线刚好和轮廓线重合,则应避免使用。如图 7.6 所示,尽管主视图的内外形状都对称,似乎可以采用半剖视,但采用半剖视图后,其分界线恰好和内轮廓线相重合,不满足分界线是细点画线的要求,所以不应用半剖视表达,而宜采取局部剖视表达,并且用波浪线将内、外形状分开。

(3)半剖视图中的内部轮廓在半个视图中不必再用虚线表示。

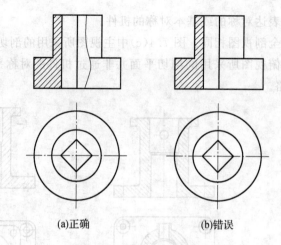

(a)正确   (b)错误

图 7.6　对称机件的局部剖视

◤ 任务实施

过程	图例	过程	图例
步骤一： 分析机件表达方法，确定选用半剖视图		步骤二： 画出机件的主视图的主要轮廓线	
步骤三： 将主视图进行半剖		步骤四： 画出俯视图主要轮廓线	
步骤五： 将俯视图进行半剖		步骤六： 检查标注。 注意被切掉的部分已无轮廓线，未切到的部分的虚线可以省略	

任务7.3 识读箱体的局部剖视图

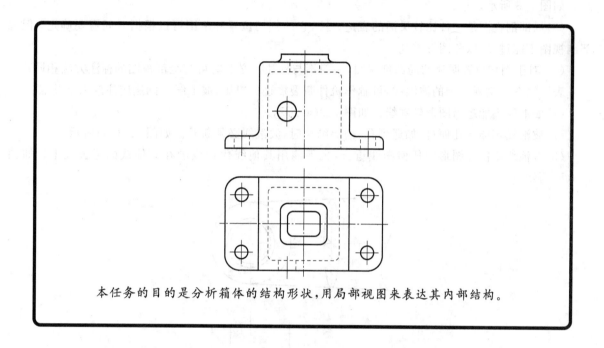

本任务的目的是分析箱体的结构形状,用局部视图来表达其内部结构。

将机件局部剖开后进行投影得到的剖视图称为局部剖视图。

当物体只有局部结构需要表达,而又不宜采用全剖视图;或轮廓线与对称中心线重合,不宜采用半剖视图时,均可采用局部剖视图,如图7.7(a)所示。局部剖视图也是在同一视图上同时表达内外形状的方法,用波浪线作为剖视图与视图的界线。如图7.7所示的主视图和左视图,均采用了局部剖视图。

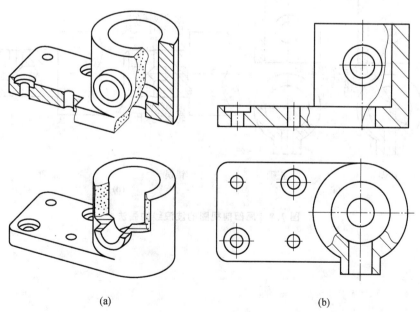

(a)   (b)

图7.7 局部剖视图

通过以上几实例可知,局部剖视是一种比较灵活的表达方法,剖切范围根据实际需要确定。但使用时要考虑到看图方便问题,剖切不要过于零散。

画局部剖视图时要注意:

(1)视图与剖视图部分以波浪线为分界线。

(2)当被剖切部位的局部结构为回转体时,允许将该结构的中心线作为局部剖视图与视图的分界线。如图7.8所示。

(3)局部剖视图是一种比较灵活的表达方法,它的剖切位置和范围可以根据时间需要确定。但局部剖视图不能过多,以免图形零乱。

(4) 对于剖切位置明显的局部剖视图,一般不与标注。必要时可与全剖视图的标注方法相同。

表示视图与剖视范围的波浪线,可看作机件断裂痕迹的投影,波浪线的画法应注意以下几点:

(1)波浪线不能超出图形轮廓线。如图7.9(a)所示。

(2)波浪线不能穿孔而过,如遇到孔、槽等结构时,波浪线必须断开。如图7.9(a))所示。

(3)波浪线不能与图形中任何图线重合,也不能用其他线代替或画在其他线的延长线上。如图7.9(b)所示。

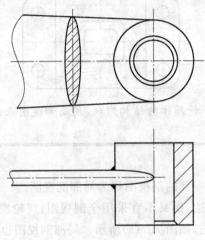

图7.8 回转体的局部剖视图

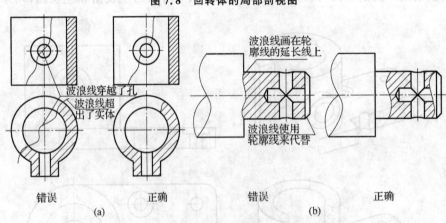

图7.9 局部剖视图的波浪线的画法

任务实施

过程	图例	说明
步骤一： 分析视图		分析确定局部剖视
步骤二： 画局部剖 视图		对小孔和内腔采用局部剖视图，画好波浪线，把暴露出的轮廓线改画成粗实线，并擦去多余线条。箱体凸台内孔部分不可见，画好波浪线，改画成局部视图

任务7.4 识读汽车法兰盘视图

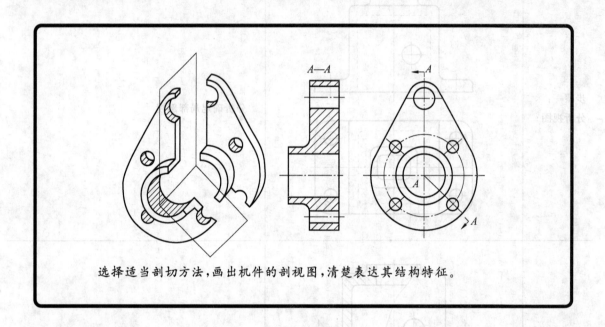

选择适当剖切方法,画出机件的剖视图,清楚表达其结构特征。

1.单一剖切平面

用一个剖切平面剖开机件的方法称为单一剖,所画出的剖视图,称为单一剖视图。单一剖面通常指平面或柱面。

根据单一剖切平面与投影面的关系,将其分为平行于某一基本投影面的单一剖切平面和不平行于任何基本投影面的单一剖切平面。前面介绍的全剖视图、半剖视图、局部剖视图都是用与基本投影面平行的单一剖切平面剖切后得到的,是最常见的,也是应用最多的形式。

用不平行于任何基本投影面的剖切平面剖开机件的方法称为斜剖,所画出的剖视图,称为斜剖视图。斜剖视图适用于机件的倾斜部分需要剖开以表达内部实形的情况,并且内部实形的投影是用辅助投影面法求得的。如图7.10所示机件,为了清晰表达弯板的外形和小孔等结构,宜用斜剖视表达。此时用平行于弯板的剖切面"A—A"剖开机件,然后在辅助投影面上求出剖切部分的投影即可。

剖视最好与基本视图保持直接的投影联系,如图7.10中的"A—A"。必要时(如为了合理布置图幅)可以将斜剖视画到图纸的其他地方,但要保持原来的倾斜度,也可以转平后画出,但必须加注旋转符号。

2.几个互相平行的剖切平面

当物体上有若干不在同一平面上而又需要表达的内部结构时,用两个或多个互相平行的剖切平面把机件剖开的方法,称为阶梯剖,所画出的剖视图,称为阶梯剖视图,如图7.11所示。

画阶梯剖视时,应注意下列几点:

(1)为了表达孔、槽等内部结构的实形,几个剖切平面应同时平行于同一个基本投影面。

(2)两个剖切平面的转折处不能划分界线,因此,要选择一个恰当的位置,使之在剖视图上不致出现孔、槽等结构的不完整投影。当它们在剖视图上有共同的对称中心线和轴线时,也可以各画一半,这时细点画线就是分界线。

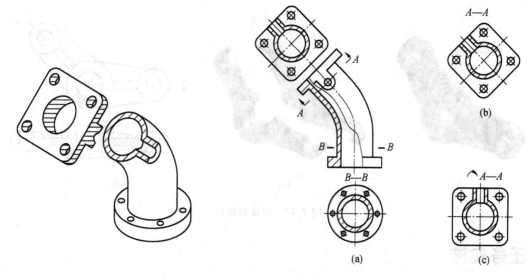

图 7.10 单一剖切

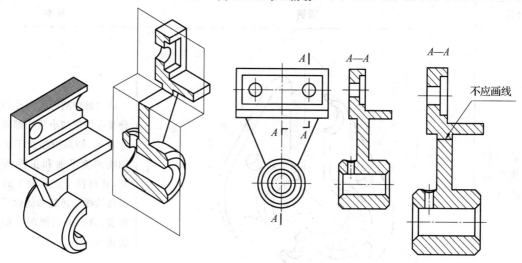

图 7.11 阶梯剖视图

（3）阶梯剖视必须标注。在剖切平面迹线的起始、转折和终止的地方，用剖切符号（即粗短线）表示它的位置，并写上相同的字母；在剖切符号两端用箭头表示投影方向（如果剖视图按投影关系配置，中间又无其他图形隔开时，可省略箭头）；在剖视图上方用相同的字母标出名称"X—X"。

3. 两个相交的剖切平面

用两个相交的剖切平面（交线垂直于某一基本投影面）剖开机件的方法称为旋转剖，所画出的剖视图，称为旋转剖视图，如图 7.12 所示。旋转剖适用于有回转轴线，而轴线恰好是两剖切平面的交线的机件。并且两剖切平面一个为与投影面平行面，一个为与投影面垂直面。

画旋转剖视图的注意事项：

（1）必须"先剖切、后旋转"。采用这种方法绘制的图形不再符合"三等规律"；剖切平面后的其他结构，一般仍按原来位置画出它们的投影。

（2）当剖切后产生不完整的要素时，应将此部分按不剖绘制。

（3）剖切平面的交线应与物体的回转线重合。

（4）旋转剖视图必须标注，标注方法与阶梯剖视相同。

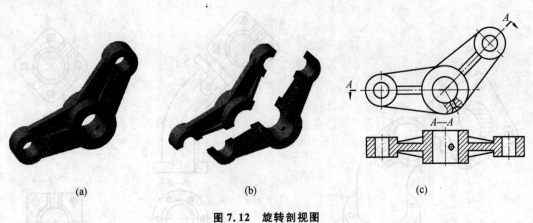

(a)　　　　　　　　　(b)　　　　　　　　　(c)

图 7.12　旋转剖视图

任务实施

过程	图例	说明
步骤一： 选择适当的剖切位置和适当的剖切方法		法兰盘中间的大圆孔和均匀分布在四周的小圆孔都需要剖开表示，如果用相交于法兰盘轴线的侧平面和正垂面去剖切，并将位于正垂面上的剖切面绕轴线旋转到和侧面平行的位置，这样画出的剖视图就是旋转剖视图
步骤二： 画出相应视图并进行标注，注意基本要求	A—A	

任务 7.5　绘制汽车主轴断面图

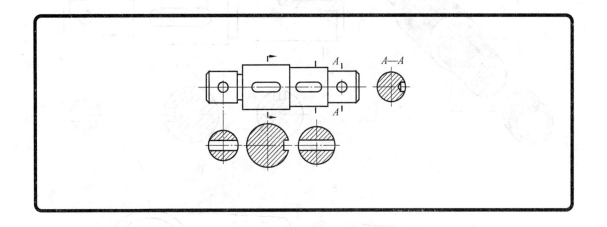

如图 7.13 所示。假想用剖切平面将物体的某处切断,仅画出该剖切平面与机件接触部分的图形,称为断面图,简称断面。

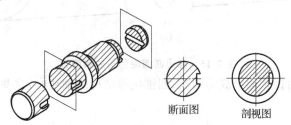

图 7.13　断面图的形成

在画断面图时,应特别注意断面图与剖视图之间的区别:断面图只要求画出物体被切处的断面投影,如图 7.14 所示。而剖视图除了要画出断面投影外,还要画出剖切面后面物体的完整投影。

根据在图样中的不同位置,断面图分为移出断面图和重合断面图两种。

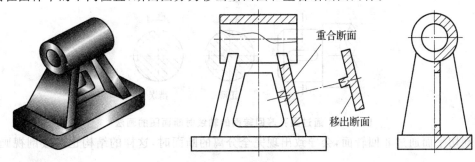

重合断面

移出断面

图 7.14　断面图的分类

7.5.1　移出断面图

画在视图(或剖视图)之外的断面图,称为移出断面图。

1.移出断面图的画法

(1)移出断面图的轮廓线用粗实线画出。

(2)移出断面上画出剖面符号。移出断面应尽量配置在剖切平面的延长线上,必要时也可以画在图纸的适当位置,如图7.15所示。

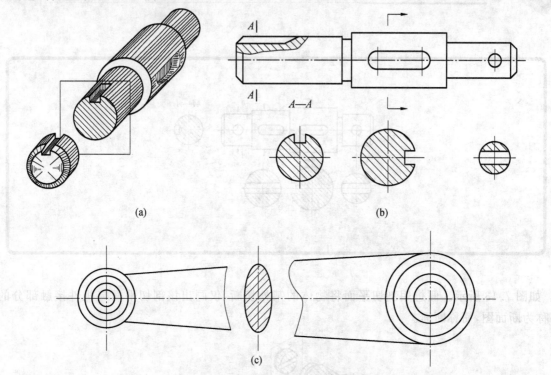

图 7.15　移出断面图的画法和配置

(3)当剖切平面通过由回转面形成的圆孔、圆锥坑等结构的轴线时,这些结构应按剖视画出,如图7.16所示。

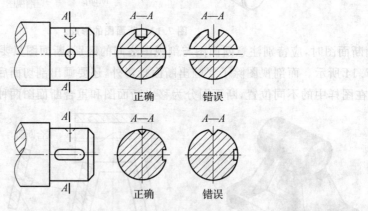

图 7.16　通过圆孔等回转面的轴线时断面图的画法

(4)当剖切平面通过非回转面,会导致出现完全分离的断面时,这样的结构也应按剖视画出,如图7.17所示。

(5)为了得到断面实形,剖切平面一般应垂直于被剖切部分的轮廓线,当移出断面是由两个或多个相交的剖切平面剖切得到时,中间一般应断开,如图7.18所示。

2.移出断面图的标注

(1)当移出断面图不画在剖切位置的延长线上时,如果该移出断面为不对称图形,必须标注剖切符号与带字母的箭头,以表示剖切位置与投影方向,并在断面图上方标出相应的名称"×—×";如果该移出断面为对称图形,因为投影方向不影响断面形状,所以可以省略箭头,如图7.15(b)所示。

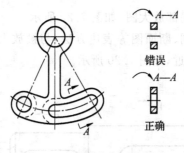

图 7.17　断面分离时的画法

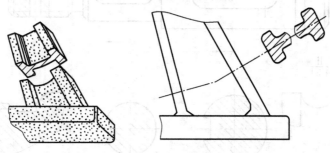

图 7.18　移出断面由两个或多个相交的剖切平面剖切得的画法

　　(2)当移出断面按照投影关系配置时,无论该移出断面为对称图形还是不对称图形,因为投影方向明显,所以可以省略箭头,如图 7.16 所示。

　　(3)当移出断面画在剖切位置的延长线上时,如果该移出断面为对称图形,只需用细点画线标明剖切位置,可以不标注剖切符号、箭头和字母;如果该移出断面为不对称图形,则必须标注剖切位置和箭头,但可以省略字母。

7.5.2　重合断面图

　　画在视图之内的断面图,称为重合断面图。

1. 重合断面图的画法

　　为了使图形清晰,避免与视图中的线条混淆,重合断面的轮廓线用细实线画出。当重合断面的轮廓线与视图的轮廓线重合时,仍按视图的轮廓线画出,不可中断,如图 7.19(a)所示。

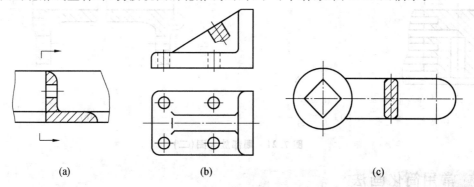

(a)　　　　　　　(b)　　　　　　　(c)

图 7.19　重合断面图

2. 重合断面图的标注

　　当重合断面为不对称图形时,需标注其剖切位置和投影方向,如图 7.19(b)所示;当重合断面为对称图形时,一般不必标注,如图 7.19(c)所示。

7.5.3　局部放大图

　　机件上某些细小结构在视图中表达得不够清楚,或不便于标注尺寸时,可将这些部分用大于原图形所采用的比例画出,这种图称为局部放大图,如图 7.20 所示。

　　局部放大图可画成视图、剖视图、断面图等表达方法,与被放大部分的原表达方式无关。局部放大图应尽量放置在被放大部位的附近,如图 7.20 所示。

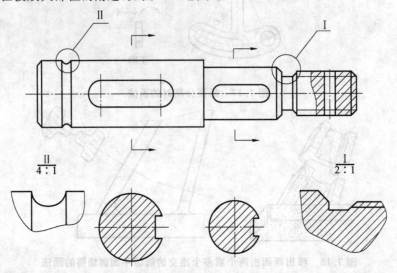

图 7.20 局部放大图(一)

　　局部放大图必须进行标注,标注方法是:在视图上画一细实线圆,标明放大部位,在放大图的上方注明所用的比例,如果放大图不止一个时,还要用罗马数字依次标明被放大的部位,并在局部放大图的上方标出相应的罗马数字和采用的比例,如图 7.21(a)所示。

　　同一物体上不同部位的局部放大图,当图形相同或对称时,只需要画出一个,如图 7.21(b)所示。

　　局部放大图的比例,指该图形中物体要素的线性尺寸与实际物体相应要素的线性尺寸之比,而与原图所采用的比例无关。

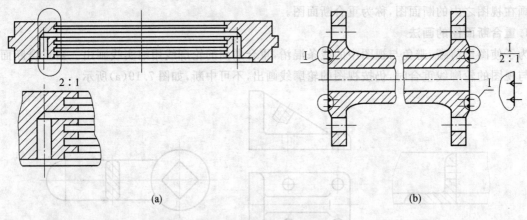

图 7.21　局部放大图(二)

7.5.4　常用简化画法

　　为简化作图,国家标准《技术制图》规定了一些简化画法,简化的原则是:必须保证不致引起误解和不会产生理解的多意性,在此前提下,力求制图简便并便于识读。如避免不必要的视图和剖视图,避免使用虚线表示不可见结构,尽可能使用有关标准中规定的符号,尽可能减少相同结构要素的重复绘制等。

　　下面就单个零件的简化画法作介绍。

　　(1)机件上的肋板、轮辐及薄壁等结构,如纵向剖切都不要画剖面符号,用粗实线将它们与其相邻结构分开,如图 7.22 所示。

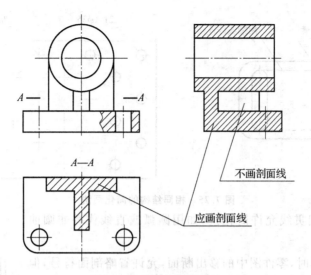

图 7.22　肋板的剖视画法

（2）回转体上均匀分布的肋板、轮辐、孔等结构不处于剖切平面上时，可将这些结构假想旋转到剖切平面上画出，如图 7.23 所示。

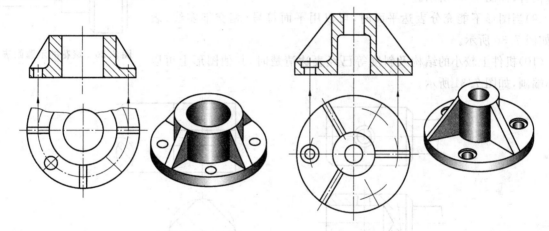

图 7.23　均匀分布的肋板、孔的剖切画法

（3）当物体具有若干相同且成规律分布的孔时，可画出一个或几个，其余用细点画线表示其中心位置，在图中注明孔的总数即可，如图 7.24 所示。

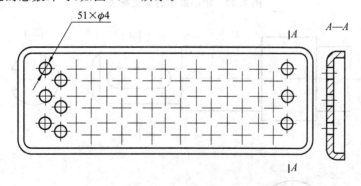

图 7.24　直径相同且成规律分布的孔的画法

（4）当物体具有若干相同结构（齿、槽等），并按一定规律分布时，只需画出几个完整结构，其余用细实线相连或标明中心位置，并注明总数，如图 7.25 所示。

（5）对于网状物、编织物或物体上的滚花部分，可在轮廓线附近用细实线示意画出，并标明其具体要求，如图 7.26 所示。

（6）机件上较小的结构，如在一个图形中已表示清楚时，在其他图形中可以简化或省略。在不致

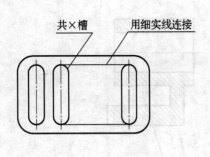

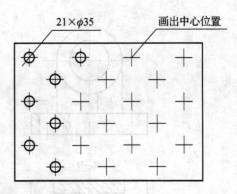

图 7.25　相同结构的简化画法

引起误解时,图形中的相贯线允许简化,例如用圆弧或直线代替非圆曲线。如图 7.27 所示。

(7)在不致引起误解时,零件图中的移出断面,允许省略剖面符号,但剖切位置和断面图的标注,必须按规定的方法标出,如图 7.28 所示。

(8)与投影面倾斜角度小于或等于 30°的圆或圆弧,其投影可用圆或圆弧代替,如图 7.29 所示。

(9)当图形不能充分表达平面时,可以用平面符号(相交细实线)表示,如图 7.30 所示。

(10)机件上较小的结构及斜度等已经表达清楚时,其他图形上可以按小端画,如图 7.31 所示。

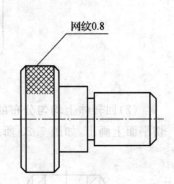

图 7.26　滚花的示意画法

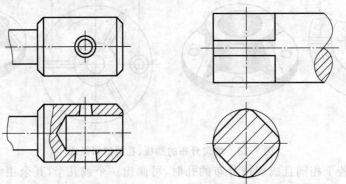

图 7.27　较小结构的简化画法

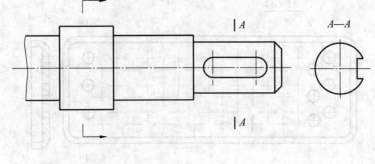

图 7.28　移出剖面的简化画法

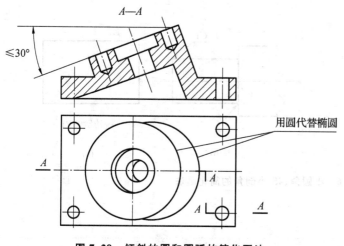

图 7.29　倾斜的圆和圆弧的简化画法

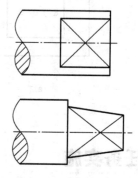

图 7.30　平面的表示法

(11)圆柱法兰和类似零件上分布的孔可按图 7.32 画出。

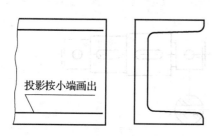

投影按小端画出

图 7.31　较小的结构的简化画法

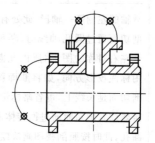

图 7.32　法兰上孔的简化画法

(12)较长的物体(如轴、杆、型材、连杆等)沿长度方向的形状一致或按一定规律变化时,可断开后缩短绘制,但要标注实际尺寸,如图 7.33 所示。

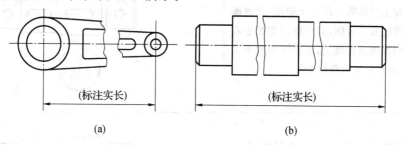

(标注实长)　　　　(标注实长)

(a)　　　　　　　　(b)

图 7.33　较长零件的简化画法

(13)在不至于引起误解的情况下,对于对称物体的视图,可只画一半或 1/4,并在对称中心线的两端画出两条与其垂直的平行细实线,如图 7.34 所示。

(14)需要表示位于剖切平面前面的结构时,这些结构可以用双点画线绘制,如图 7.35 所示。

(15)在不至于引起误解的情况下,零件图中的小圆角或 45°小倒角允许省略不画,但必须注明尺寸或另加说明,如图 7.36 所示。

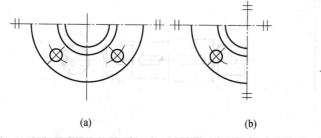

(a)　　　　　　　　(b)

图 7.34　对称物体的简化画法

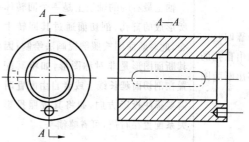

图 7.35　剖切平面前的结构简化画法

103

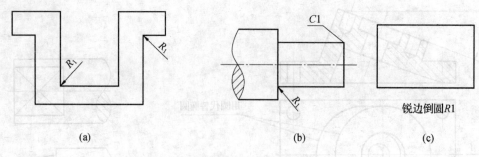

(a)   (b)   (c)

图 7.36　小圆角、45°小倒角的简化画法

▶ 任务实施

过程	绘图分析	绘图结果
步骤一： 画出孔的移出断面图	轴的左侧第一轴段，此处有个圆孔，剖切面通过圆孔轴线时，断面图是一个左右对称的图形，所以此断面图不用标注投影方向，如将断面图配置在剖切面延长线上，可省略标记；同时还需要注意剖切面通过回转体所形成的圆孔，此时按照剖视图画法绘制，即可绘制出断面图	
步骤二： 画出键槽的移出断面图	轴上左侧第二段有个键槽，此时断面图左右不对称，如将断面图配置在剖切面的延长线上，必须注明投影方向，即可绘制出断面图	
步骤三： 画出腰形圆孔的移出断面图	轴上右侧第二段上有个腰形圆孔，此时断面图是由完全分开的两部分组成的，需要按照剖视画法绘制；因为此断面图是左右对称图形，所以不用标注投影方向	
步骤四： 画出盲孔的移出断面图	轴上最右端的轴段上是一个回转体所形成的盲孔，剖切面通过其回转中心，此时断面图按照剖视画法绘制；因其断面图形是非对称图形，如将其配置在剖切面延长线上或者自由配置时需要标注投影方向，如将其按照投影关系配置在右侧，可省略箭头	

续表

过程	绘图分析	绘图结果
步骤五： 完成主轴移 出断面图	整理以上四个断面图,可得最终 结果	

模块 8

识读键销连接图

【知识目标】

了解螺纹的基本要素及其连接的规定画法与标注方法。

【技能目标】

1. 掌握螺栓相关信息的识读方法。
2. 掌握键和销的识读方法。

【模块任务】

常用件和标准件在汽车中广泛运用,其结构、尺寸和技术要求大多已标准化,本章主要学习螺纹、键销、齿轮等零件的规定画法,并正确识读它们的规定标记,为零件图和装配图的学习打好基础。

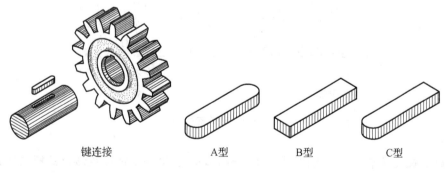

键连接　　　　　　A型　　　　　　B型　　　　　　C型

任务 8.1 　绘制内外螺纹连接视图

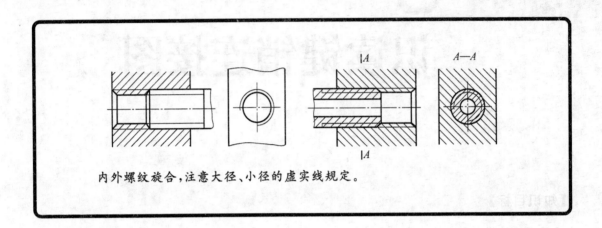

内外螺纹旋合，注意大径、小径的虚实线规定。

1. 螺纹的基本要素

（1）大径、小径、中径（图 8.1）。

大径 d、D 指与外螺纹的牙顶或内螺纹的牙底相切的假想圆柱或圆锥的直径。内螺纹的大径用大写字母表示，外螺纹的大径用小写字母表示。

小径 d_1、D_1 指与外螺纹的牙底或内螺纹的牙顶相切的假想圆柱或圆锥的直径。

中径 d_2、D_2 指一个假想的圆柱或圆锥直径，该圆柱或圆锥的母线通过牙型上沟槽和凸起宽度相等的地方。

公称直径指代表螺纹尺寸的直径，表示螺纹大径的基本尺寸。

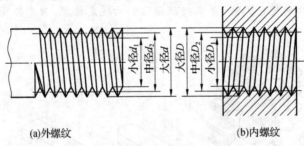

(a)外螺纹　　　　　　　　　　　　(b)内螺纹

图 8.1　螺纹的直径

（2）线数。

形成螺纹的螺旋线条数称为线数，线数用字母 n 表示。沿一条螺旋线形成的螺纹称为单线螺纹，沿两条以上螺旋线形成的螺纹称为多线螺纹，如图 8.2 所示。

（3）螺距和导程。

相邻两牙在中径线上对应两点间的轴向距离称为螺距，螺距用字母 P 表示；同一螺旋线上的相邻两牙在中径线上对应两点间的轴向距离称为导程，导程用字母 S 表示，如图 8.2 所示。线数 n、螺距 P 和导程 S 之间的关系为 $S＝P×n$。

（4）旋向。

螺纹分为左旋螺纹和右旋螺纹两种。顺时针旋转时旋入的螺纹是右旋螺纹；逆时针旋转时旋入的螺纹是左旋螺纹，如图 8.3 所示。工程上常用右旋螺纹。

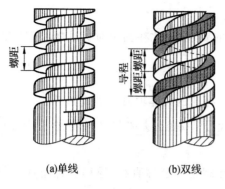

(a)单线　　　　(b)双线

图 8.2　单线螺纹和双线螺纹

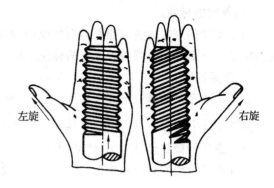

左旋　　　　　右旋

图 8.3　螺纹的旋向

2. 螺纹的规定画法和标注

（1）螺纹的规定画法。

①外螺纹的画法。外螺纹的大径用粗实线表示，小径用细实线表示。螺纹小径按大径的 85％。在不反映圆的视图中，小径的细实线应画入倒角内，螺纹终止线用粗实线表示，如图 8.4(a)所示。当需要表示螺纹收尾时，螺纹尾部的小径用与轴线成 30°的细实线绘制，如图 8.4(b)所示。在反映圆的视图中，表示小径的细实线圆只画约 3/4 圈，螺杆端面上的倒角圆省略不画。

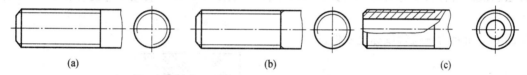

(a)　　　　　　　　　(b)　　　　　　　　　(c)

图 8.4　外螺纹画法

② 内螺纹的画法。内螺纹通常采用剖视图表达，在不反映圆的视图中，大径用细实线表示，小径和螺纹终止线用粗实线表示，注意剖面线应画到粗实线处；在反映圆的视图中，大径用约 3/4 圈的细实线圆弧绘制，孔口倒角圆不画，如图 8.5 所示。

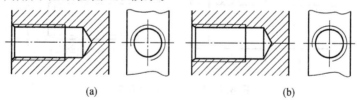

(a)　　　　　　　　　　　　　(b)

图 8.5　内螺纹的画法

③内、外螺纹旋合的画法。只有当内、外螺纹的五项基本要素相同时，内、外螺纹才能进行连接。用剖视图表示螺纹连接时，旋合部分按外螺纹的画法绘制，未旋合部分按各自原有的画法绘制，如图 8.6 所示。画图时必须注意：表示内、外螺纹大径的细实线和粗实线，以及表示内、外螺纹小径的粗实线和细实线应分别对齐；在剖切平面通过螺纹轴线的剖视图中，实心螺杆按不剖绘制。

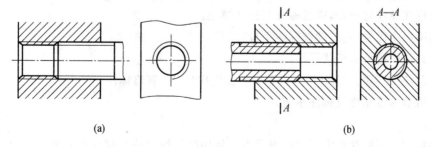

(a)　　　　　　　　　　　　　(b)

图 8.6　内外螺纹旋合画法

(2)螺纹的标注。

由于螺纹的规定画法不能表达出螺纹的种类和螺纹的要素,因此在图中对标准螺纹需要进行正确的标注。下面分别介绍各种螺纹的标注方法。

① 普通螺纹。

普通螺纹用尺寸标注形式注在内、外螺纹的大径上,其标注的具体项目和格式如下:

| 螺纹代号 | 公称直径×螺距 | 旋向 | — | 中径公差带代号 | 顶径公差带代号 | — | 旋合长度代号 |

普通螺纹的螺纹代号用字母"M"表示。

普通粗牙螺纹不必标注螺距,普通细牙螺纹必须标注螺距。公称直径、导程和螺距数值的单位为 mm。

右旋螺纹不必标注,左旋螺纹应标注字母"LH"。

中径公差带代号和顶径公差带代号由表示公差等级的数字和字母组成。大写字母代表内螺纹,小写字母代表外螺纹。顶径是指外螺纹的大径和内螺纹的小径,若两组公差带相同,则只写一组。表示内、外螺纹旋合时,内螺纹公差带在前,外螺纹公差带在后,中间用"/"分开。在特定情况下,中等公差精度螺纹不注公差带代号(内螺纹:5H,公称直径小于和等于 1.4 mm;6H,公称直径大于和等于 1.6 mm。外螺纹:5h,公称直径小于和等于 1.4 mm;6h,公称直径大于和等于 1.6 mm。)

普通螺纹的旋合长度分为短、中、长三组,其代号分别是 S、N、L。若是中等旋合长度,其旋合代号 N 可省略。

如图 8.7 所示为普通螺纹标注示例。

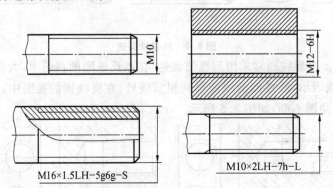

M10

M12-6H

M16×1.5LH-5g6g-S

M10×2LH-7h-L

图 8.7 普通螺纹标注示例

②传动螺纹。

传动螺纹主要指梯形螺纹和锯齿形螺纹,它们也用尺寸标注形式注在内外螺纹的大径上,其标注的具体项目及格式如下:

| 螺纹代号 | 公称直径×导程(P 螺距) | 旋向 | — | 中径公差带代号 | — | 旋合长度代号 |

梯形螺纹的螺纹代号用字母"Tr"表示,锯齿形螺纹的特征代号用字母"B"表示。

多线螺纹标注导程与螺距,单线螺纹只标注螺距。

右旋螺纹不标注代号,左旋螺纹标注字母"LH"。

传动螺纹只注中径公差带代号。

旋合长度只注"S"(短)、"L"(长),中等旋合长度代号"N"省略标注。

如图 8.8 所示为传动螺纹标注示例。

③管螺纹。

管螺纹的标记必须标注在大径的引出线上。常用的管螺纹分为螺纹密封的管螺纹和非螺纹密封的管螺纹。这里要注意,管螺纹的尺寸代号并不是指螺纹大径,也不是管螺纹本身任何一个直径,其大径和小径等参数可从有关标准中查出。

管螺纹标注的具体项目及格式如下：

螺纹密封管螺纹代号：螺纹特征代号 尺寸代号 × 旋向代号

非螺纹密封管螺纹代号：螺纹特征代号 尺寸代号 公差等级代号 — 旋向代号

螺纹密封螺纹又分为：与圆柱内螺纹相配合的圆锥外螺纹，其特征代号是 R1；与圆锥内螺纹相配合的圆锥外螺纹，其特征代号为 R2；圆锥内螺纹，特征代号是 Rc；圆柱内螺纹，特征代号是 Rp。旋向代号只注左旋"LH"，如图 8.8 所示。

非螺纹密封管螺纹的特征代号是 G。它的公差等级代号分 A、B 两个精度等级。外螺纹需注明，内螺纹不注此项代号。右旋螺纹不注旋向代号，左旋螺纹标"LH"。

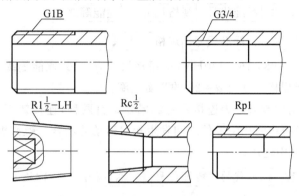

图 8.8 管螺纹的标注

3.螺纹紧固件

常用螺纹紧固件有螺栓、双头螺柱、螺钉、螺母和垫圈，如图 8.9 所示。

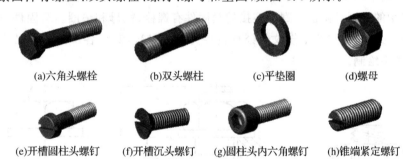

(a)六角头螺栓　　(b)双头螺柱　　(c)平垫圈　　(d)螺母

(e)开槽圆柱头螺钉　　(f)开槽沉头螺钉　　(g)圆柱头内六角螺钉　　(h)锥端紧定螺钉

图 8.9 螺纹紧固件

螺纹紧固件的种类及标记如下：

(1)螺栓。螺栓由头部及杆部两部分组成，头部形状以六角形的应用最广。决定螺栓的规格尺寸为螺纹公称直径 d 及螺栓长度 L，选定一种螺栓后，其他各部分尺寸可根据有关标准查得。

螺栓的标记形式：名称 标准代号 特征代号 公称直径×公称长度

例：螺栓 GB/T 5782—2000 M12×80，是指公称直径 $d=12$，公称长度 $L=80$（不包括头部）的螺栓。

(2)双头螺柱。双头螺柱的两头均制有螺纹，一端旋入被连接件的预制螺孔中，称为旋入端；另一端与螺母旋合，紧固另一个被连接件，称为紧固端。双头螺柱的规格尺寸为螺柱直径 d 及紧固端长度 L，其他各部分尺寸可根据有关标准查得。

双头螺柱的标记形式：名称 标准代号 特征代号 公称直径 × 公称长度

例：螺柱 GB/T 898—1988 M10×50，是指公称直径 $d=10$，公称长度 $L=50$（不包括旋入端）的双头螺柱。

（3）螺母。螺母通常与螺栓或螺柱配合着使用,起连接作用,以六角螺母应用最广。螺母的规格尺寸为螺纹公称直径 D,选定一种螺母后,其各部分尺寸可根据有关标准查得。

螺母的标记形式: 名称 标准代号 特征代号 公称直径

例:螺母 GB/T6170－2000 M12,指螺纹规格 $D=M12$ 的螺母。

（4）垫圈。垫圈通常垫在螺母和被连接件之间,目的是增加螺母与被连接零件之间的接触面,保护被连接件的表面不致因拧螺母而被刮伤。垫圈分为平垫圈和弹簧垫圈,弹簧垫圈还可以防止因振动而引起的螺母松动。可按螺栓直径 d 选择垫圈的规格尺寸,垫圈选定后,其各部分尺寸可根据有关标准查得。

平垫圈的标记形式: 名称 标准代号 规格尺寸－性能等级

弹簧垫圈的标记形式: 名称 标准代号 规格尺寸

例:垫圈 GB/T 97.1－1985 16－140HV,指规格尺寸 $d=16$,性能等级为 140HV 的平垫圈。垫圈 GB/T 93－1987 20,指规格尺寸为 $d=20$ 的弹簧垫圈。

（5）螺钉。螺钉按使用性质可分为连接螺钉和紧定螺钉两种,连接螺钉的一端为螺纹,另一端为头部。紧定螺钉主要用于防止两相配零件之间发生相对运动的场合。螺钉规格尺寸为螺钉直径 d 及长度 L,可根据需要从标准中选用。

螺钉的标记形式: 名称 标准代号 特征代号 公称直径 × 公称长度

例:螺钉 GB/T 65－2000 M10×40,是指公称直径 $d=10$,公称长度 $L=40$(不包括头部)的螺钉。

6.螺纹连接件

螺栓用来连接两个不太厚并能钻成通孔的零件,与垫圈、螺母配合进行连接,如图 8.10 所示。

（1）螺栓连接中的紧固件画法。螺栓连接的紧固件有螺栓、螺母和垫圈。紧固件一般用比例画法绘制。所谓比例画法就是以螺栓上螺纹的公称直径为主要参数,其余各部分结构尺寸均按与公称直径成一定的比例关系绘制。

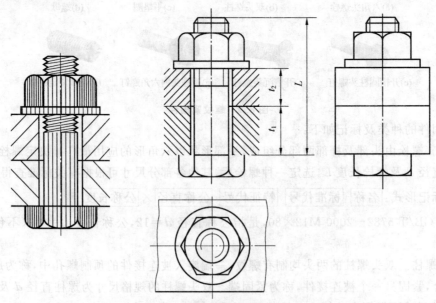

图 8.10　螺栓连接图

（2）螺柱连接。当两个被连接件中有一个很厚,或者不适合用螺栓连接时,常用双头螺柱连接。双头螺柱两端均加工有螺纹,一端与被连接件旋合,另一端与螺母旋合,如图 8.11 所示。

（3）螺钉连接。螺钉连接一般用于受力不大又不需要经常拆卸的场合,如图 8.12 所示。

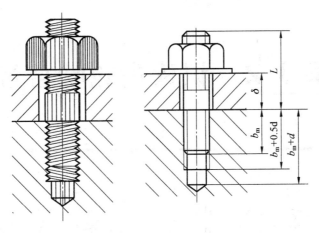

图 8.11 双头螺柱连接图

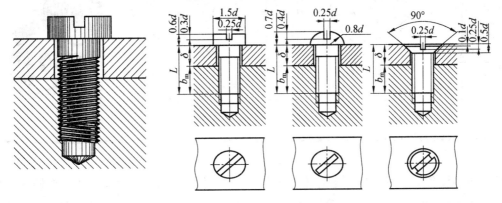

图 8.12 螺钉连接

◤ 任务实施

过程	图例	过程	图例
步骤一： 学会绘制外螺纹		步骤二： 学会绘制内螺纹	
步骤三： 绘制内外螺纹旋合		步骤四： 注意事项	表示内、外螺纹大径的细实线和粗实线，以及表示内、外螺纹小径的粗实线和细实线应分别对齐

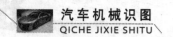
 任务8.2 识读齿轮啮合视图

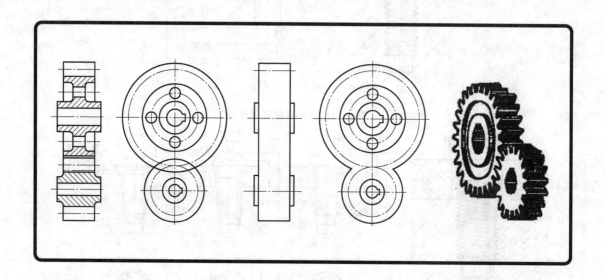

齿轮是机器设备中应用十分广泛的传动零件,可用来传递运动和动力,以及改变轴的旋向和转速。常见的传动齿轮有三种:圆柱齿轮传动——用于两平行轴间的传动;圆锥齿轮传动——用于两相交轴间的传动;蜗杆蜗轮传动——用于两交错轴间的传动。按照齿轮轮齿的方向可分为直齿、斜齿和人字齿,如图8.13所示。

(a)直齿圆柱齿轮   (b)斜齿圆柱齿轮   (c)圆锥齿轮   (d)蜗杆蜗轮

(e)直齿   (f)斜齿   (g)人字齿

图8.13 齿轮传动形式及其方向

8.2.1 直齿圆柱齿轮的几何结构要素

如图 8.14 所示,直齿圆柱齿轮的几何结构要素如下:

(1)齿数 z——齿轮上轮齿的个数。

(2)齿顶圆直径 d_a——通过齿顶的圆柱面直径。

(3)齿根圆直径 d_f——通过齿根的圆柱面直径。

(4)分度圆直径 d——分度圆直径是齿轮设计和加工时的重要参数。分度圆是一个假想的圆,在该圆上齿厚 s 与槽宽 e 相等,它的直径称为分度圆直径。

(5)齿高 h——齿顶圆和齿根圆之间的径向距离。

(6)齿顶高 h_a——齿顶圆和分度圆之间的径向距离。

(7)齿根高 h_f——分度圆与齿根圆之间的径向距离。

(8)齿距 p——在分度圆上,相邻两齿对应齿廓之间的弧长。

(9)齿厚 s——在分度圆上,一个齿的两侧对应齿廓之间的弧长。

(10)槽宽 e——在分度圆上,一个齿槽的两侧相应齿廓之间的弧长。

(11)模数 m——分度圆的周长 $\pi d = pz$,则 $d = zp/\pi$, p/π 就称为齿轮的模数。模数以 mm 为单位,它是齿轮设计和制造的重要参数,模数越大,轮齿越厚,齿轮的承载能力越强。为便于齿轮的设计和制造,减少齿轮成形刀具的规格及数量,国家标准已将模数标准化。

(12)压力角 α——相互啮合的一对齿轮,其受力方向(齿廓曲线的公法线方向)与运动方向之间所夹的锐角,称为压力角。同一齿廓的不同点上的压力角是不同的,在分度圆上的压力角,称为标准压力角。国家标准规定,标准压力角为 $20°$。

(13)中心距 a——两啮合齿轮轴线之间的距离。

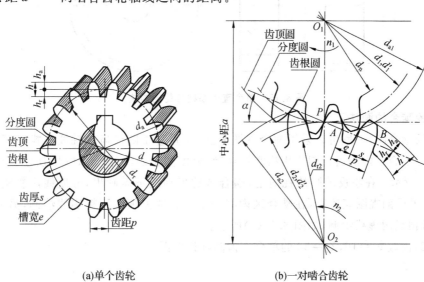

(a)单个齿轮　　　　　(b)一对啮合齿轮

图 8.14 直齿圆柱齿轮各部分名称和代号

8.2.2 直齿圆柱齿轮的尺寸计算

在已知模数 m 和齿数 z 时,齿轮轮齿的其他参数均可按表 8.1 公式计算出来。

表 8.1 　基本参数:模数 m 和齿数 z

序号	名称	代号	计算公式
1	齿距	p	$p = \pi m$
2	齿顶高	h_a	$h_a = m$
3	齿根高	h_f	$h_f = 1.25m$
4	齿高	h	$h = 2.25m$
5	分度圆直径	d	$d = mz$
6	齿顶圆直径	d_a	$d_a = m(z + 2)$
7	齿根圆直径	d_f	$d_f = m(z - 2.5)$
8	中心距	a	$a = m(z_1 + z_2)/2$

8.2.3　直齿圆柱齿轮的规定画法

1. 单个齿轮的画法

　　单个齿轮一般用两个视图表示。国家标准规定齿顶圆和齿顶线用粗实线绘制,分度圆和分度线用细点画线表示,齿根圆和齿根线用细实线绘制(也可以省略不画)。在剖视图中,齿根线用粗实线绘制,并不能省略。当剖切平面通过齿轮轴线时,轮齿一律按不剖绘制。单个齿轮的画法如图 8.15 所示。

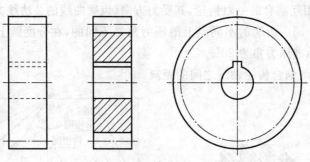

图 8.15 　单个直齿圆柱齿轮的画法

2. 一对齿轮啮合的画法

　　一对齿轮的啮合图,一般可以采用两个视图表达,在垂直于圆柱齿轮轴线的投影面的视图中(反映为圆的视图),啮合区内的齿顶圆均用粗实线绘制,分度圆相切,如图 8.16(b)所示。也可用省略画法如图 8.16(d)所示。在不反映圆的视图上,啮合区的齿顶线不需画出,分度线用粗实线绘制,如图 8.16(c)所示。采用剖视图表达时,在啮合区内将一个齿轮的齿顶线用粗实线绘制,另一个齿轮的轮齿被遮挡,其齿顶线用虚线绘制,如图 8.16(a)所示。

　　绘制 $m = 2$,齿数 $z_1 = 16$,$Z_2 = 32$ 的单个直齿圆柱齿轮图。

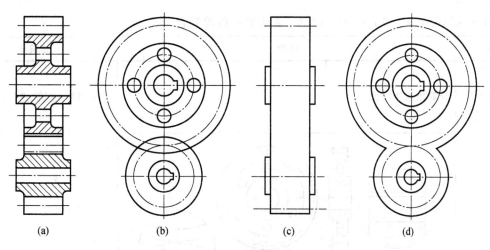

(a)   (b)   (c)   (d)

图 8.16　直齿圆柱齿轮的啮合画法

任务实施

过程	图例	知识点
步骤一： 根据公式计算齿轮的参数	$d = mz = 2 \text{ mm} \times 16 = 32 \text{ mm}$ $da = m(z+2) = 2 \text{ mm} \times (16+2) = 36 \text{ mm}$ $df = m(z-2.5) = 2 \text{ mm} \times (16-2.5) = 27 \text{ mm}$	参照相关公式进行计算
步骤二： 定基准线，绘制齿轮的端面视图		分度圆用点画线绘制，齿顶圆用粗实线绘制，齿根圆用细实线绘制
步骤三： 绘制全剖的轴向视图		分度线用细点画线绘制，齿顶线用粗实线绘制，齿轮按不剖处理，齿根线用粗实线绘制（在投影为非圆视图上，若不画成剖视图，则齿根线用细实线画出或省略）

绘制 $m=2$，齿数 $z_1=16$，$z_2=32$ 的单个直齿圆柱齿轮啮合图。

过程	图例	知识点
步骤一： 根据公式计算 齿轮的参数	计算出相关数据	参照相关公式进行计算
步骤二： 绘制齿轮啮合 的视图	径向剖视图啮合区放大图　端面视图啮合区放大图	在垂直于圆柱齿轮轴线的投影面的视图中（反映为圆的视图），啮合区内的齿顶圆均用粗实线绘制，分度圆相切。也可用省略画法。在不反映圆的视图上，啮合区的齿顶线不需画出，分度线用粗实线绘制。采用剖视图表达时，在啮合区内将一个齿轮的齿顶线用粗实线绘制，另一个齿轮的轮齿被遮挡，其齿顶线用虚线绘制

 任务8.3　识读键销连接图

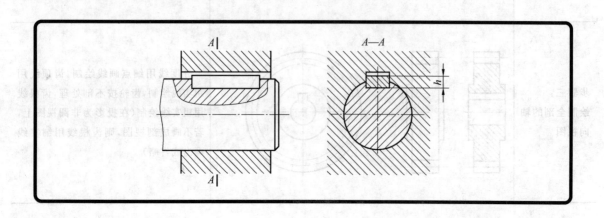

8.3.1　键　连　接

1. 键连接的作用和种类

键主要用于轴和轴上的零件(如带轮、齿轮等)之间的连接,起着传递扭矩的作用。如图 8.17 所示,将键嵌入轴上的键槽中,再将带有键槽的齿轮装在轴上,当轴转动时,因为键的存在,齿轮就与轴同步转动,达到传递动力的目的。键的种类很多,常用的有普通平键、半圆键和钩头楔键三种。

2. 普通平键的种类和标记

普通平键根据其头部结构的不同可以分为圆头普通平键(A 型)、平头普通平键(B 型)、和单圆头普通平键(C 型)三种形式,如图 8.18 所示。

普通平键的标记格式和内容为:

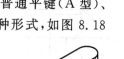

其中 A 型可省略形式代号。例如:宽度 $b = 18$ mm,高度 $h = 11$ mm,长度 $L = 100$ mm 的圆头普通平键(A 型),其标记是:键 18×100 GB 1096－79。宽度 $b = 18$ mm,

图 8.17　键连接

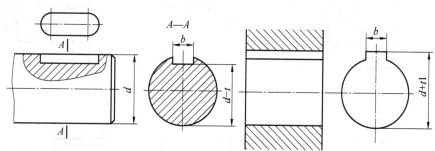

(a)A型　　(b)B型　　(c)C型

图 8.18　普通平键的形式

高度 $h = 11$ mm,长度 $L = 100$ mm 的平头普通平键(B 型),其标记是:键 B 18×100 GB 1096－79。宽度 $b = 18$ mm,高度 $h = 11$ mm,长度 $L = 100$ mm 的单圆头普通平键(C 型),其标记是:键C 18×100 GB 1096－79。

3. 普通平键的连接画法

采用普通平键连接时,键的长度 L 和宽度 b 要根据轴的直径 d 和传递的扭矩大小从标准中选取适当值。轴和轮毂上的键槽的表达方法及尺寸如图 8.19 所示。在装配图上,普通平键的连接画法如图 8.20 所示。

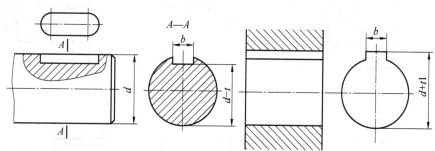

图 8.19　轴和轮毂上的键槽

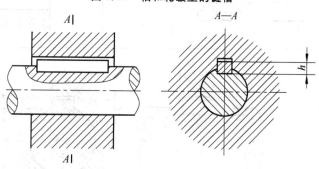

图 8.20　普通平键的连接画法

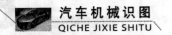
8.3.2 销　连　接

销主要用来固定零件之间的相对位置,起定位作用,也可用于轴与轮毂的连接,传递不大的载荷,还可作为安全装置中的过载剪断元件。销的常用材料为 35、45 钢。

销有圆柱销和圆锥销两种基本类型,这两类销均已标准化。圆柱销利用微量过盈固定在销孔中,经过多次装拆后,连接的紧固性及精度降低,故只宜用于不常拆卸的零件。圆锥销有 1∶50 的锥度,装拆比圆柱销方便,多次装拆对连接的紧固性及定位精度影响较小,因此应用广泛。

销连接的画法如图 8.21 所示。

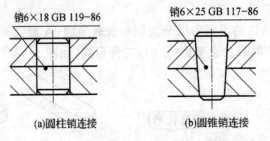

销6×18 GB 119-86　　　　销6×25 GB 117-86

(a)圆柱销连接　　　　(b)圆锥销连接

图 8.21　销连接的画法

任务实施

过程	图例	过程	图例
圆柱销连接时,当剖面通过销的轴线剖切时,销按不剖处理		圆锥销连接	$\phi8$
绘制轴上键槽	$A—A$	轮毂上键槽	
绘制普通键连接			

模块 9

识读汽车典型零件图和装配图

【知识目标】

1.掌握零件图的作用和内容。

2.识读表面粗糙度代号、尺寸公差代号、形位公差代号和配合代号的含义。

3.掌握典型零件图的识图方法,能够读懂中等复杂程度的零件图。

【技能目标】

能够查阅资料读懂中等复杂程度的装配图。

【模块任务】

汽车是由许多不同类型的零部件,按着一定的装配关系和技术要求装配而成的。表达零件结构、大小及技术要求的图样称为零件图,表达机器或部件工作原理结构关系、各零件装配关系和技术要求的图样称为装配图。本项目的任务是识读汽车典型零件图和装配图。

任务9.1　识读输出轴表面粗糙度

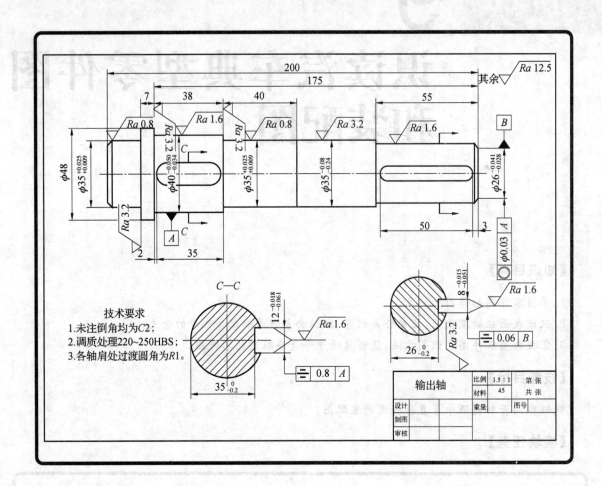

1.零件图的作用

机器或部件都是由许多零件按着一定的装配关系和技术要求装配而成的。表示零件结构、大小及技术要求的图样,称为零件图。

2.零件图的组成

一张完整的零件图包括以下四个方面的内容:

(1)一组视图。

根据有关标准规定,运用视图、剖视图、断面图及其他表达方法,完整、清晰地表达零件的结构形状。

(2)完整的尺寸。

正确、完整、清晰、合理地标注出制造和检验零件时所需的全部尺寸。

(3)技术要求。

用规定的符号、数字或文字说明零件在制造、检验时技术上应达到的质量要求。如表面粗糙度、极限与配合、形状和位置公差、热处理、表面处理等要求。

(4)标题栏。

说明零件的名称、材料、数量、比例、图号等内容。

3. 零件的分类

任何机器或部件都是由若干零件组成的,而每个零件在其中都担负着各自不同的功能。根据零件在机器或部件上的作用,一般可将零件分成三种类型:

(1)标准件。如紧固件(螺栓、螺母、垫圈、螺钉等)、键、销、滚动轴承等。设计时不必画出它们的零件图,只是根据需要,按规格到市场上选购或到标准件厂家订购。

(2)常用件。如齿轮、蜗轮、蜗杆、弹簧等。这些零件虽然部分结构已实行标准化,但在设计时仍须按规定画出零件图。

(3)一般零件。按功能和结构等特点可将一般零件大致分为轴套类、轮盘类、叉架类和箱体类四种。

4. 零件图的尺寸标注

零件图中的尺寸标注,除了要满足上述的正确、完整、清晰的要求,并符合国家标准规定之外,还应使尺寸标注合理。合理地标注尺寸,是指所注尺寸既符合设计需要,又满足工艺要求,便于零件的加工、测量和检验。

为了做到合理,在标注尺寸时,必须了解零件的作用、在机器中的装配位置和采用的加工方法等,从而选择恰当的尺寸基准。

尺寸基准的概念:尺寸基准即标注尺寸的起点,是指确定零件上几何元素位置的一些点、线、面。

尺寸基准的选择:尺寸基准一般选择零件上的一些面和线。基准常选择零件上较大的加工面、两零件的结合面、零件的对称面、重要端面、轴肩、轴和孔的轴线、对称中心线等。如图 9.1 所示轴承座,其高度方向的尺寸基准是安装面,也是最大的加工面,长度和宽度方向的尺寸基准是对称面。

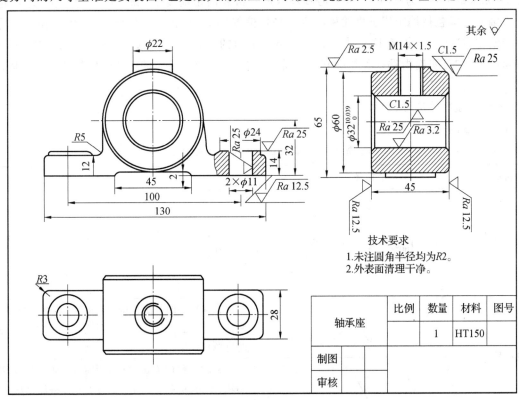

图 9.1 基准的选择

5. 表面粗糙度

(1)概念。

零件在加工过程中,由于机床、刀具的振动、材料被切削时受塑性变形和刀痕等因素的影响,零件的表面不可能是一个理想的光滑表面。这种加工表面上所具有的较小间距和峰谷所组成的微观几何形状特性称为表面粗糙度。评定表面粗糙度常用的参数在新国标中采用"Ra——算数平均偏差"和"Rz——轮廓最大高度",如图 9.2 所示。

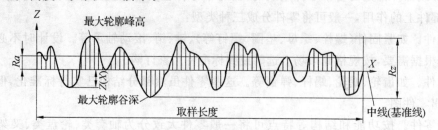

图 9.2　评定表面结构常用的轮廓参数

表面粗糙度与零件的配合性质、耐磨性、工作精度和抗腐蚀性都有密切的关系,它直接影响到机器的可靠性和使用寿命。

表面粗糙度参数的新旧标准对照表见表 9.1。

表 9.1　表面粗糙度参数的新旧标准对照表

旧标准 (GB/T 3505—1983)		新标准 (GB/T3505—2009)	
名称	代号	名称	代号
轮廓算术平均偏差	Ra	评定轮廓的算术平均偏差	Ra
微观不平度十点高度	Rz	—	—
轮廓最大高度	Ry	轮廓最大高度	Rz

注意:原来的 Ra 称为"轮廓算术平均偏差",是专指表面粗糙度的;新标准中定义为"评定轮廓的算术平均偏差",既包括评定粗糙度轮廓的算术平均偏差(Ra),还包括评定波纹度(Wa)和原始轮廓的算术平均偏差(Pa)。因此,在这三种参数(Ra,Wa,Pa)的名称前统一冠以"评定轮廓的"5 个字。在不致引起误解(如已明确指哪一种轮廓)时,全称"评定轮廓的算术平均偏差"可以简称为"算术平均偏差"。

(2)表面粗糙度的符号、代号。

表面粗糙度的符号及其含义见表 9.2。

表 9.2　表面粗糙度的符号及其含义

符号名称	符号	含义
基本符号	d'=0.35 mm (d'符号线宽) H_1=5 mm H_2=10.5 mm	未指定工艺方法的表面,当通过一个注释解释时可单独使用
扩展符号		用去除材料的方法获得的表面,例如:车、磨、铣、刨、腐蚀、电火花加工、气割等。当其含义是"被加工表面"时可单独使用
		不去除材料的方法获得的表面,例如:铸、锻、冲压、热轧、冷轧、粉末冶金等。也可表示保持原供应状况的表面(包括保持上道工序的状况)
完整图形符号		在以上符号的长边加一横线,以方便注写对表面结构的各种要求,其长度取决于其上下所标注内容的长度

注意:表 9.2 中 d'、H_1、H_2 的大小是当图样中尺寸数字高度先取 $h=3.5$ mm 时按 GB/T 131—2006 的相应规定给定的。

表面粗糙度代号由表面粗糙度符号、表面粗糙度参数值及加工方法等内容组成。各项表面粗糙度数值及其有关要求在符号中的注写位置见表 9.3。

表 9.3　表面粗糙度参数及其有关要求在符号中的注写位置

标准	代号	含义
旧标准 (GB/T 131—1993)	 a_1　b a_2　c/f (e)　d	a_1、a_2——粗糙度高度参数代号及其数值(单位为 μm) b——加工要求、镀覆、涂覆、表面处理或其他说明 c——取样长度(单位为 μm)或波纹度(单位为 μm) d——加工纹理方向符号 e——加工余量(单位为 μm) f——粗糙度间距数值(单位为 μm)或轮廓支承长度率
新标准 (GB/T 131—2006)	c a e　d　b	位置 a——注写表面结构的单一要求 位置 a 和 b——a,注写第一表面结构要求;b,注写第二表面结构要求 位置 c——注写加工方法,如"车""磨""镀"等 位置 d——注写表面纹理方向,如"＝""×""M"等(表面纹理是指完工零件表面上呈现的,与切削运动轨迹相应的图案) 位置 e——注写加工余量 注意:这里除表面粗糙度参数和数值(常见为 Ra、Rz 及其数值)通常要标注外,其余均作为补充要求仅在必要时才标注

(3)表面粗糙度代号的含义示例见表 9.4。

表 9.4　表面粗糙度代号的含义示例

序号	代号示例	含义	补充说明
1	$Ra\ 0.8$	表示允许去除材料,单向上限值,默认传输带,R 轮廓,算术平均偏差为 0.8 μm,评定长度为 5 个取样长度(默认),16%规则(默认)	参数代号与极限值之间应留空格(下同),本例未标注传输带,应理解为默认传输带,此时取样长度可由 GB/T 10610 和 GB/T 6062 中查取
2	$Rz\ \mathrm{max}\ 0.2$	表示去除材料,单向上限值,默认传输带,R 轮廓,粗糙度最大高度的最大值为 0.2 μm,评定长度为 5 个取样长度(默认),最大规则	示例 1~4 均为单向极限要求,且均为单向上限值,则均可不加注"U",若为单向下限值,则应加注"L"
3	$0.008\sim0.8/Ra\ 3.2$	表示去除材料,单向上限值,传输带 0.008~0.8 mm,R 轮廓,算术平均偏差为 3.2 μm,评定长度为 5 个取样长度(默认),16%规则(默认)	传输带"0.008~0.8"中的前后数值分别为短波和长波滤波器的截止波长,以示波长范围。此时取样长度等于 0.8 mm
4	$-0.8/Ra\ 3.2$	表示去除材料,单向上限值,传输带:根据 GB/T 6062,取样长度为 0.8 mm,R 轮廓,算术平均偏差为 3.2 μm,评定长度包含 3 个取样长度,16%规则(默认)	传输带仅注出一个截止波长值 0.8 mm,另一截止波长值应理解为默认值,由 GB/T 6062 中可查得为 0.002 5 mm

续表9.4

序号	代号示例	含义	补充说明
5	$\sqrt{\begin{array}{l}\text{U } Ra \text{ max } 3.2\\ \text{L } Ra\ 0.8\end{array}}$	表示不允许去除材料,双向极限值,两极限值均使用默认传输带,R轮廓。上限值:算术平均偏差为3.2 μm,评定长度为5个取样长度(默认),最大规则。下限值:算术平均偏差为0.8 μm,评定长度为5个取样长度(默认),16%规则(默认)	本例为双向极限要求,用"U"和"L"分别表示上限值和下限值。在不致引起歧义时,可不加注"U""L"

(4)表面结构要求在图样中的注法(表9.5)。

表面结构要求对每一表面一般只注一次,并尽可能注在相应的尺寸及其公差的同一视图上。除非另有说明,所标注的表面结构要求是对完工零件表面的要求。使表面结构的注写和读取方向与尺寸的注写和读取方向一致。

表9.5　表面结构要求在图样中的注法示例

序号	注法要求	示例
1	表面结构要求在轮廓线上的标注	（轮廓线标注示例，含 Rz 12.5, Rz 6.3, Ra 1.6, Ra 1.6, Rz 12.5, Rz 6.3）
2	结构要求可标注在轮廓线上,其符号应从材料外指向并接触表面。必要时,表面结构符号也可用带箭头或黑点的指引线引出标注	铣 Ra 6.3　车 Ra 3.2　ϕ30
3	在不致引起误解时,表面结构要求可以标注在给定的尺寸线上	ϕ60H7　Ra 12.5　ϕ60h6　Ra 6.3

续表 9.5

序号	注法要求	示例
4	表面结构要求可标注在形位公差框格的上方	
5	表面结构要求可以直接标注在延长线上,或用带箭头的指引线引出标注	
6	圆柱和棱柱的表面结构要求只标注一次。如果每个棱柱表面有不同的表面结构要求,则应分别单独标注	
7	大多数表面有相同表面结构要求的简化注法	
8	在图纸空间有限时的简化注法	

续表 9.5

序号	注法要求	图示 示例
9	多个表面结构要求的简化注法	$\sqrt{} = \sqrt{Ra\,3.2}$ $\sqrt{} = \sqrt{Ra\,3.2}$ $\sqrt{} = \sqrt{Ra\,3.2}$
10	对周边各面有相同的表面结构要求的注法 图示的表面结构符号是指对图形中封闭轮廓的6个面的共同要求(不包括前后面)	

任务实施

步骤一：看标题栏	在标题栏内写明与零件有关的内容,如零件的名称为输出轴、材料为45号钢、比例为1:1等;与生产管理有关的内容,如单位名称、设计、审计者的责任签名、图号等。零件图上的标题栏要按国家标准的规定画出并填写
步骤二：读一组视图	如图所示输出轴零件图上有一组图形,采用了主视图(基本视图)和移出断面图,表达了零件的外部和断面结构。输出轴零件图的基本视图反映该零件是由多个同轴圆柱体组成的,断面图反映了键槽的深度。在零件图中,可以采用适当的视图、剖视图、断面图等表达方法,以一组图形完整、清晰地表达零件各部分的形状和结构
步骤三：读图中的尺寸标注	为表达零件各部分的形状大小和相对位置关系,应在零件图上标注一组正确、完整、清晰、合理的尺寸,以满足零件制造和检验时的需要。该输出轴零件以右端面为长度方向的基准,标注的尺寸有18、28、50、100;以中心轴线为高度方向的基准,标注的尺寸有 $\phi16$、$\phi25$、$\phi14$ 等每段轴的直径尺寸
步骤四：读图中技术要求	在零件图上可以用规定的符号、代号、数字或文字说明,简明、准确地给出零件在制造和检验时应达到的质量要求,如表面粗糙度1.6、尺寸公差 $\Phi16f$、形位公差、热处理"调质处理""未注圆角尺寸 $R1.5$"等各项要求
$\sqrt{Ra\,3.2}$	共3处: (1) $\phi35^{+0.025}$ 轴的右端面其表面粗糙度 Ra 的上限值为 $3.2\ \mu m$ (2) $\phi35^{-0.008}$ 轴的外圆表面其表面粗糙度 Ra 的上限值为 $3.2\ \mu m$ (3)宽度为8的键槽的表面其表面粗糙度 Ra 的上限值为 $3.2\ \mu m$
$\sqrt{Ra\,1.6}$	共4处: (1) $\phi40$ 轴的外圆表面其表面粗糙度 Ra 的上限值为 $1.6\ \mu m$ (2) $\phi26$ 轴的外圆表面其表面粗糙度 Ra 的上限值为 $1.6\ \mu m$ (3)两键槽的两侧面表面粗糙度 Ra 的上限值为 $1.6\ \mu m$
$\sqrt{Ra\,0.8}$	共2处: $\phi35+0.025$ 轴的外圆表面其表面粗糙度 Ra 的上限值为 $0.8\ \mu m$
其余 $\sqrt{Ra\,12.5}$	其他表面的表面粗糙度 Ra 的上限值为 $12.5\ \mu m$

任务9.2　识读零件图上配合代号

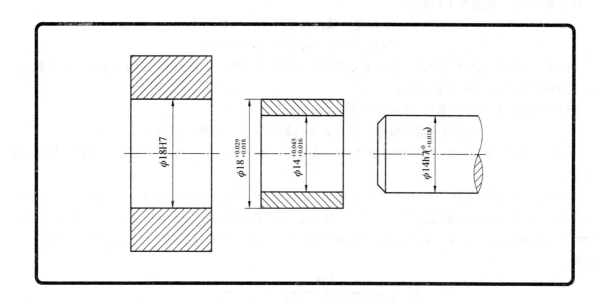

在制成的同一规格的一批零件中,不需任何挑选、修配或再调整,就可装在机器(或部件)上,并且达到规定的使用性能要求(如:工作性能、零件间配合的松紧程度等)的性质称为互换性。具有上述性质的零部件称为具有互换性的零(部)件。由于互换性原则在机器制造中的应用,大大简化了零件、部件的制造和装配,使产品的生产周期显著缩短,这样不但提高了劳动生产率,降低了生产成本,便于维修,而且也保证了产品质量的稳定性。

1. 极限

在零件的加工过程中,由于机床精度、刀具磨损、测量误差等因素的影响,不可能把零件的尺寸做得绝对准确,必然会产生误差。为了保证互换性和产品质量,可将零件尺寸的加工误差控制在一定的范围内,规定出尺寸变动量,这个允许的尺寸变动量就称为尺寸公差,简称公差。下面以图9.3(图中对尺寸变动部分采用了夸大画法)来说明极限的有关术语。

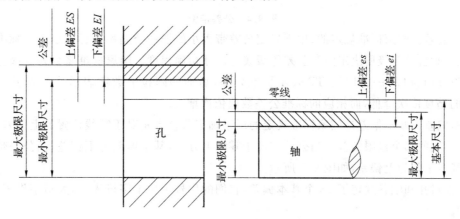

图 9.3　极限与配合的示意图

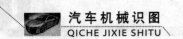

（1）基本尺寸。设计时给定的尺寸。

（2）实际尺寸。零件制成后实际测量得到的尺寸。

（3）极限尺寸。允许尺寸变化的两个界限值。它以基本尺寸为基数来确定,两个界限值中较大的一个称为最大极限尺寸,较小的一个称为最小极限尺寸。

（4）尺寸偏差(简称偏差)。即某一尺寸与基本尺寸的代数差。极限尺寸与基本尺寸的代数差称为极限偏差,有上偏差和下偏差。

$$上偏差＝最大极限尺寸－基本尺寸$$
$$下偏差＝最小极限尺寸－基本尺寸$$

国家标准规定用代号 ES、EI 分别表示孔的上、下偏差,用代号 es、ei 分别表示轴的上、下偏差。偏差的数值可以是正值、负值或零。

（5）尺寸公差(简称公差)。指允许尺寸的变动量。

$$公差＝最大极限尺寸－最小极限尺寸＝上偏差－下偏差$$

（6）零线。在极限与配合图解中,用以确定偏差的一条基准直线。通常用零线表示基本尺寸,如图 9.3 所示。

（7）尺寸公差带(简称公差)和公差带图解。公差带图以基本尺寸为零线,用适当比例画出两极限偏差,以表示尺寸允许变动的界限和范围。在公差带图中,由代表上、下偏差或最大、最小极限尺寸的两条直线限定一个区域。公差带由公差带大小和其相对零线位置的基本偏差来确定,如图 9.4 所示。

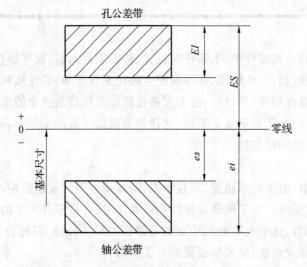

图 9.4　公差带图

（8）标准公差。国家标准规定的、用于确定公差带大小的任一公差称为标准公差。标准公差数值是由基本尺寸和公差等级所决定的。公差等级表示尺寸精确程度。国家标准将公差等级分为 20 级,即 IT01、IT0、IT1、IT2、…、IT18。IT 表示标准公差,后面的阿拉伯数字表示公差等级。从 IT0 至IT18,尺寸的精度依次降低,而相应的标准公差数值依次增大。

（9）基本偏差。基本偏差是国家标准规定的用于确定公差带相对于零线位置的上偏差或下偏差,一般指靠近零线的那个极限偏差。当公差带位于零线上方时,基本偏差为下偏差;当公差带位于零线的下方时,基本偏差为上偏差,如图 9.5 所示。

国家标准对孔和轴各规定了 28 个基本偏差,它们的代号用拉丁字母表示,大写字母表示孔,小写字母表示轴。

孔的基本偏差从 A 到 H 为下偏差,从 K 到 ZC 为上偏差,Js 的上下偏差对称分布在零线的两侧,因此,其上偏差为IT/2 或下偏差为IT/2;轴的基本偏差从 a 到 h 为上偏差,从 k 到 zc 为下偏差,js 为

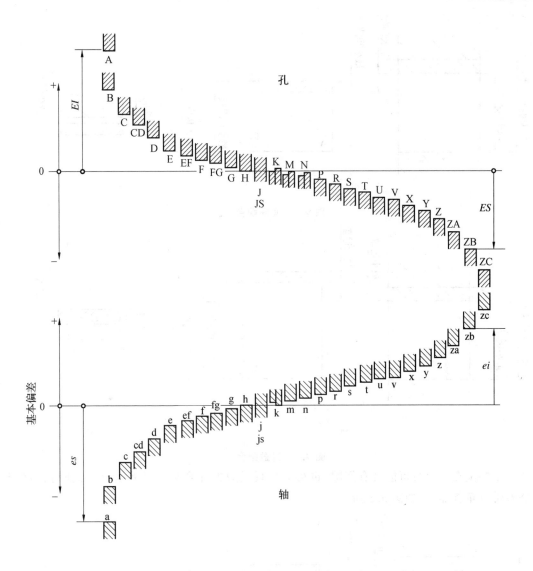

图 9.5　基本偏差系列

上偏差(IT/2)或下偏差(IT/2)。

根据孔与轴的基本偏差和标准公差,可计算孔和轴的另一偏差:

孔:
$$ES＝EI＋IT \ 或 \ EI＝ES—IT$$

轴:
$$es＝ei＋IT \ 或 \ ei＝es—IT$$

2. 配合

基本尺寸相同,相互结合的孔与轴公差带之间的关系称为配合。也就是配合的条件是基本尺寸相同的孔和轴的结合,而孔、轴公差带之间的关系反映了配合的精度和松紧程度,其松紧程度可用"间隙"和"过盈"来表示。

孔的尺寸减去与其配合的轴的尺寸所得代数差为"正"时,称为间隙;孔的尺寸减去与其配合的轴的尺寸所得代数差为"负"时,称为过盈。

(1)配合的种类根据相配合的孔、轴公差带的相对位置,国家标准将其规定为间隙配合、过盈配合和过渡配合三种类型。

①孔与轴装配在一起时具有间隙(包括最小间隙为零)的配合称为间隙配合。此时孔的公差带完全在轴的公差带之上,如图 9.6 所示。

②孔与轴装配在一起时具有过盈(包括最小过盈为零)的配合称为过盈。此时孔的公差带完全在轴的公差带之下,如图 9.7 所示。

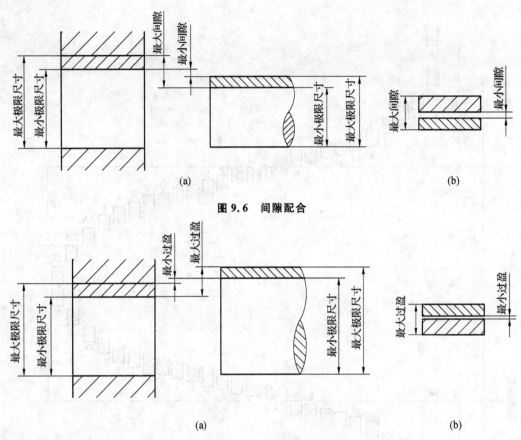

图 9.6　间隙配合

图 9.7　过盈配合

③孔与轴装配在一起时可能具有间隙,也可能出现过盈的配合称为过渡配合。此时孔的公差带与轴的公差带有重叠部分,如图 9.8 所示。

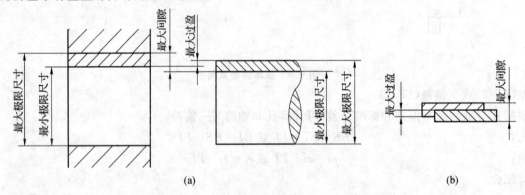

图 9.8　过渡配合

（2）配合制改变孔和轴的公差带的位置可以得到很多种配合,为便于现代化生产,简化标准,国家标准对配合规定了两种配合制,即基孔制和基轴制配合。

①基本偏差为一定的孔的公差带,与不同基本偏差的轴的公差带形成各种配合的一种制度,称为基孔制配合。

基孔制配合的孔称为基准孔,基本偏差代号为 H,其下偏差为零。与基准孔相配合的轴的基本偏差 a～h 用于间隙配合,j～zc 用于过渡配合或过盈配合。

②基本偏差为一定的轴的公差带,与不同基本偏差的孔的公差带形成各种配合的一种制度,称为基轴制配合。

基轴制配合的轴称为基准轴,基本偏差代号为 h,其上偏差为零。与基准轴相配合的孔的基本偏差 A～H 用于间隙配合,J～ZC 用于过渡配合或过盈配合。

一般情况下,应优先选用基孔制配合,这样可以减少定值刀具和量具的规格和数量,减少加工工作量,降低成本。但当同一轴颈的不同部位需要装上不同的零件,并且其配合要求不同时,采用基轴制占有明显的优势。

3. 极限与配合在图样中的标注方法

(1)公差带代号的标记方法。公差带代号由基本偏差代号(拉丁字母)和用数字(阿拉伯数字)表示的标准公差等级组成,写在基本尺寸的右边,并与基本尺寸的数字高度相同。

孔的公差代号:ϕ35 H7;轴的公差代号:ϕ35f6。

标记中数字与符号的含义:

ϕ35——孔和轴的基本尺寸;

H——孔的基本偏差代号(H 代表基准孔);

f——轴的基本偏差代号;

7、6——分别代表孔的标准公差等级为 IT7;轴的标准公差等级为 IT6。

(2)极限偏差的标记方法。标注极限偏差时,上偏差注在基本尺寸的右上方,下偏差位于基本尺寸的右下方,偏差的数字大小应比基本尺寸的数字小一号,上、下偏差的小数点必须对齐,小数点后的位数也必须相同。当一个偏差值为零时,可简写为"0",并与另一偏差的小数点前的个位数对齐;对不为零的偏差,应注出正、负号。若上、下偏差数值相同而符号相反时,则在基本尺寸的后面加上"±"号,只注出一个偏差值,其数字大小与基本尺寸相同。

如:ϕ35+0.039 0,ϕ35−0.025−0.050,ϕ25±0.010。

(3)配合代号的标记方法。配合代号由孔和轴的公差带代号组成,在基本尺寸右边用分数形式标注,分子为孔的公差带代号,分母为轴的公差带代号,其形式为

$$\text{基本尺寸}\frac{\text{孔的公差代号}}{\text{轴的公差代号}}$$

如:ϕ35$\dfrac{\text{H7}}{\text{f6}}$ 或 ϕ35H7/f6

(4)零件图上极限的标注。在零件图上标注孔和轴的公差,实际上就是将孔和轴的基本尺寸,包括公差代号或极限偏差数值,用尺寸的形式标注在零件图上,共有三种形式:

①如图 9.9(a)所示,在孔或轴的基本尺寸后面标注公差带代号。

②如图 9.9(b)所示,注出基本尺寸和上、下偏差数值。

③如图 9.9(c)所示,注出基本尺寸,并同时注出公差带代号和上、下偏差数值。

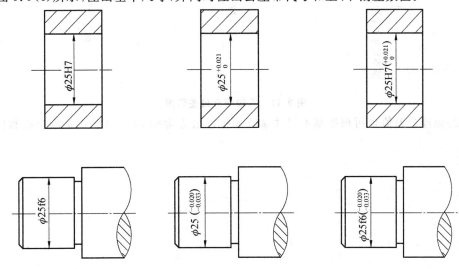

图 9.9　零件图上极限的标注

（5）装配图上配合的标注。在装配图上标注孔和轴的配合尺寸，其标注形式如图 9.10(a)、(b)所示。当配合的零件之一为标准件时，可只标注出一般零件的公差代号，如图 9.10(c)所示。

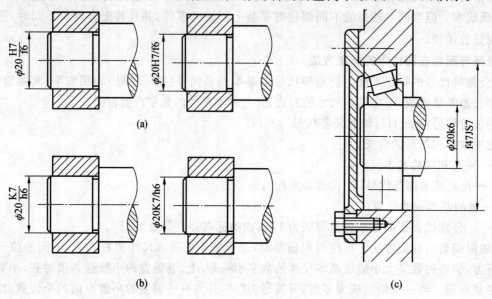

图 9.10　配合标注示例

4. 查表方法

例：确定 $\phi30H8/k7$ 中孔和轴的上、下偏差，画出公差带图，并说明其配合制和配合类型。

由式中基本偏差代号中的大写字母 H 可知，此配合为基孔制配合。由孔、轴极限偏差表（见附录）中基本尺寸栏找到＞24～30，再从表的上行找出公差代号 H7，可查得该孔的上偏差为＋0.033，下偏差为 0；同样方法得该轴的上偏差为＋0.023，下偏差为＋0.002。孔的公差为 $IT=|0.033 \text{ mm}-0 \text{ mm}|=0.033 \text{ mm}$，轴的公差 $IT=|0.023 \text{ mm}-0.002 \text{ mm}|=0.021 \text{ mm}$。画公差带图如图 9.11 所示。由公差带图可知，该配合为过渡配合，最大间隙＝0.033 mm－0.002 mm＝0.031 mm，最大过盈＝0.023 mm－0 mm＝0.023 mm。

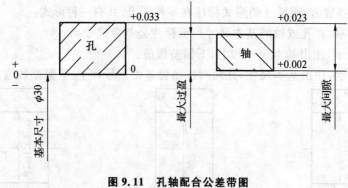

图 9.11　孔轴配合公差带图

孔和轴的标准公差值也可根据基本尺寸 $\phi30$ 和标准公差等级 IT7、IT6，由标准公差数值表查出。

任务实施

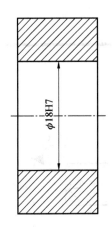

基本尺寸 $\phi18$，基孔制。孔公差等级 7 级，查表得孔：上偏差为 $+0.018$，下偏差为 0。

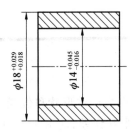

基本尺寸 $\phi18$，上偏差为 $+0.029$，下偏差为 $+0.018$

基本尺寸 $\phi14$，上偏差为 $+0.045$，下偏差为 $+0.016$

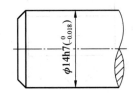

基本尺寸 $\phi14$

上偏差为 0，下偏差为 -0.018

任务9.3　识读零件图中形位公差

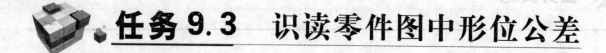

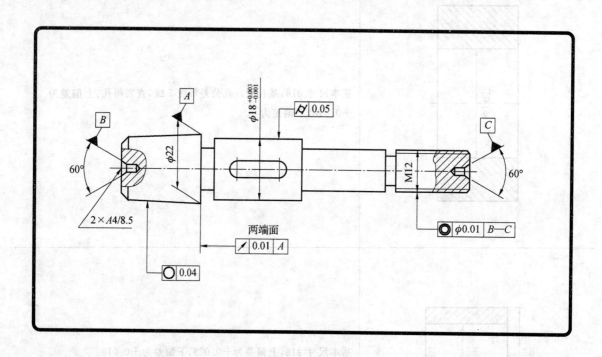

1. 概念

由于各种因素的影响,任何零件的加工过程中不仅存在尺寸误差,也会产生形状和位置误差。图9.12(a)的齿轮轴轴颈加工后轴线不是理想直线,产生的这种误差称为形状误差;而图9.12(b)所示的齿轮轴加工后,轴颈的轴线与轮齿部分的端面不能垂直,这种误差称为位置误差。这两种情况都不能使齿轮轴与图9.12(c)的零件正常装配。为保证产品质量和零件之间的可装配性,根据零件的实际需要,在图样上应合理地标出形状和位置误差的允许变动值,即形状和位置公差,简称形位公差。

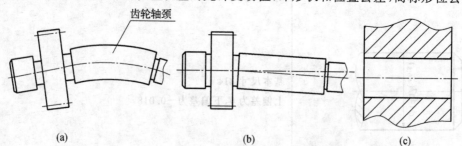

图9.12　齿轮轴加工时产生的形状误差和位置误差对其装配的影响

2. 形位公差符号

国家标准 GB/T 1182—1996 中规定的形状和位置公差为两大类,共14项,各项名称及对应符号见表9.6。

表 9.6　形位公差特征项目的符号

公差		特征项目	符号	有无基准要求	公差		特征项目	符号	有无基准要求
形状	形状	直线度	—	无	位置	定向	平行度	//	有
		平面度	▱	无			垂直度	⊥	有
		圆度	○	无			倾斜度	∠	有
		圆柱度	⌭	无		定位	位置度	⊕	有或无
形状或位置	轮廓	线轮廓度	⌒	有或无			同轴度（同心度）	◎	有
							对称度	⹀	有
		面轮廓度	⌓	有或无		跳动	圆跳动	↗	有
							全跳动	⌰	有

3. 标注方法

在图样中,形位公差一般采用框格进行标注,也可在技术要求中用文字进行说明。

(1)形位公差框格。形位公差要求在矩形框格内给出,框格的内容和各尺寸关系如图 9.13(a)所示,标注时公差框格与被测要素之间用带箭头的指引线(细实线)连接。基准符号的画法如图 9.13(b)所示,细实线圆中的字母为基准字母,与位置公差框格中的基准字母相对应,两倍粗实线的短横线与细实线小圆之间用细实线连接。

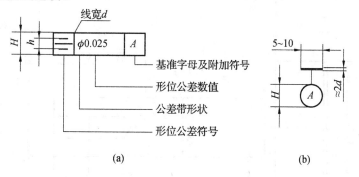

(a)　　　　　　　　　　　　　(b)

图 9.13　形位公差框格代号和基准符号

(2)被测要素。当被测要素为轮廓线或表面时,指引线的箭头应直接指在轮廓线、表面或它们的延长线上,并明显地与其尺寸线的箭头错开,如图 9.14(a)、(b)所示。

当被测要素为轴线、中心平面或由带尺寸的要素确定的点时,指引线的箭头应与尺寸线的延长线重合,如图 9.14(c)、(d)所示。

当指引线的箭头需要指向实际表面时,可直接指在带点(该点在实际表面上)的参考线上,如图 9.14(e)所示。

(3)基准要素　当基准要素为轮廓线或表面时,基准符号应标注在该要素的轮廓线、表面或它们的延长线上,基准符号中的细实线与其尺寸线的箭头应明显错开,如图 9.14(a)所示。

当基准要素为轴线、中心平面或由带尺寸的要素确定的点时,基准符号中的细实线与尺寸线一致,如图 9.14(d)所示。

基准符号也可标注在用圆点指向实际表面的参考线上,如图 9.14(f)所示。

(4)形位公差标注示例。

图 9.15 中的形位公差分别表示:

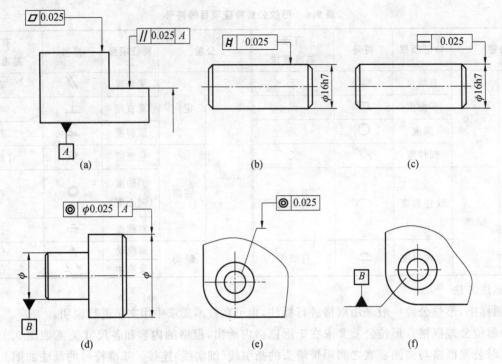

(a)　　　　　　　　　　　(b)　　　　　　　　　　　(c)

(d)　　　　　　　　　　　(e)　　　　　　　　　　　(f)

图9.14　被测要素和基准要素的标注方法

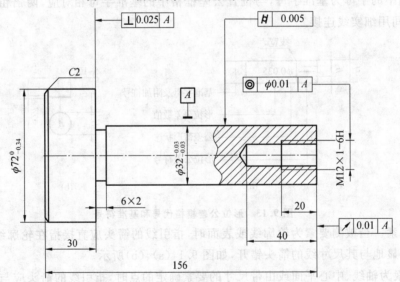

图9.15　形位公差综合标注举例

①$\boxed{\diagup}\ \boxed{0.005}$ 表示 $\phi 32$ 圆柱面的圆柱度公差为 0.005 mm。即该被测圆柱面必须位于半径差为公差值 0.005 mm 的两同轴圆柱面之间。

②$\boxed{\odot}\ \boxed{\phi 0.01}\ \boxed{A}$ 表示 M12×1 的轴线对基准 A（$\phi 24$ 圆柱面的轴线）的同轴度公差为 0.1 mm。即被测圆柱面的轴线必须位于直径为公差值 $\phi 0.1$ mm，且与基准轴线 A 同轴的圆柱面内。

③$\boxed{\diagup}\ \boxed{0.01}\ \boxed{A}$ 表示 $\phi 32$ 圆柱的左端面对基准 A 的端面圆跳动公差为 0.01 mm。即被测面围绕基准 A 旋转一周时，任一测量直径处的轴向圆跳动量不得大于公差值 0.01 mm。

④$\boxed{\perp}\ \boxed{0.025}\ \boxed{A}$ 表示 $\phi 72$ 的右端面对基准 A 的垂直度公差为 0.025 mm。即该被测面必须位于距离为公差值 0.025 mm，且垂直于基准 A 的两平行平面之间。

零件图上的其他技术要求包括材料、热处理、表面镀涂和特殊要求等如下处理：材料应在标题栏中填写,热处理等一般在技术要求中列出,放在标题栏上方或左边。如图 9.16 所示为零件局部处理的方法。

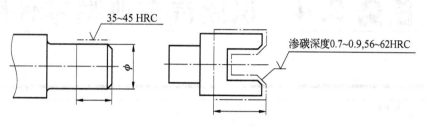

图 9.16　局部热处理的方法

⚡任务实施

零件表面形位公差标注方法	(1)当被测要素为轮廓要素时,从框格引出的指引线箭头应指在该要素的轮廓线或其延长线上,如 $\phi22$ 圆柱面的圆度要求 (2)当被测要素是轴线或对称中心线(中心要素)时,应将箭头与该要素的尺寸线对齐,如 M12 轴线的同轴度注法。当基准要素是轴时,应将基准符号与该要素的尺寸线对齐,如图 9.15 所示的基准 A
形位公差代号的含义	⏥ 0.005 :表示 $\phi18$ mm 段圆柱面的圆柱度公差为 0.05 mm ◎ $\phi0.01$ A :表示 M12 mm 外螺纹的轴线对两端中心孔轴线同轴度公差为 $\phi0.01$ mm ↗ 0.01 A :表示 $\phi22$ mm 圆锥的大端面对该轴的轴线端面圆跳动公差为 0.1 mm ⊥ 0.025 A :表示圆锥体任意正截面的圆度公差为 0.04 mm

任务 9.4 识读汽车典型零件图

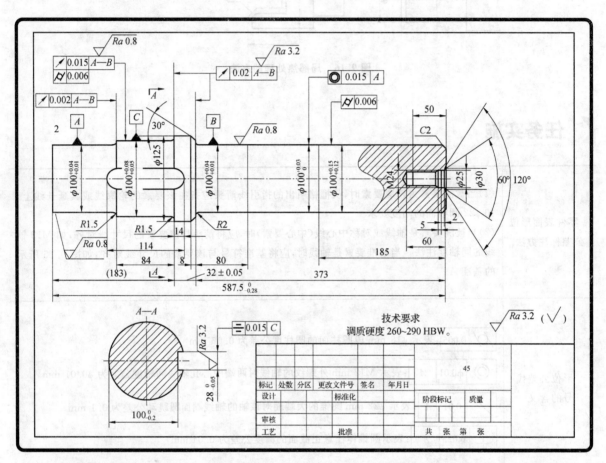

技术要求
调质硬度 260~290 HBW。

由于零件在机器或部件中的作用各不相同,其结构形状也各有差异,但按其结构特点,大体上可以分为轴套类、盘盖类、叉架类、箱壳类四类。

1. 轴套类零件

轴套类零件包括各种轴、套筒等。主要用于支承传动件,实现旋转和传递动力。

轴套类零件大多数是由同轴线,不同直径的数段圆柱和圆锥构成。根据设计、安装和加工的要求,轴上常有轴肩、键槽、螺纹、退刀槽、砂轮越程槽、圆角、倒角、中心孔等结构。它们的形状和尺寸大部分已标准化,如图 9.17 所示。

2. 盘盖类零件

盘盖类零件包括法兰盘、端盖、各种轮子(手轮、齿轮、带轮)等。这类零件主要用于传递扭矩、支承、轴向定位和密封等。

盘盖类零件的主体多数是由共轴的回转体构成,也有些盘盖类零件的主体形状是方形的。如图 9.18 所示,这类零件一般是轴向尺寸较小,而径向尺寸较大,与轴套类零件正好相反。

3. 叉架类零件

叉架类零件包括拨叉、连杆和各种支架等。拨叉主要用在机床、内燃机等各种机器的操纵机构上,起操纵、调速作用。支架主要起支承和连接作用。

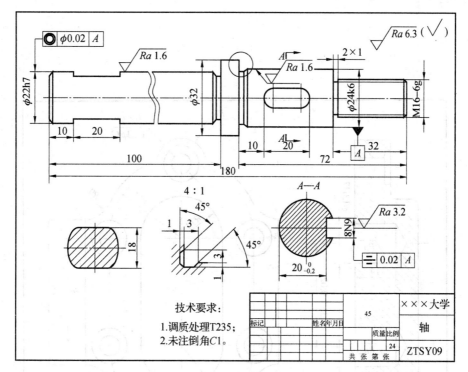

图 9.17　输出轴零件图

　　如图 9.19 为支架的零件图。从图可以看出，这类零件的形体较为复杂，多为铸件，经多道工序加工而成。一般具有肋、板、杆、筒、座、凸台、凹坑等结构，随着零件作用及安装到机器上位置的不同具有各种形式的结构，而且不像轴套类及盘盖类零件那样有规则。这类零件一般由三部分构成，即支承部分、工作部分和连接部分。

4. 箱体类零件

　　箱体类零件包括各种泵体、阀体、减速器箱体、液压缸体以及其他各种用途的箱体、机壳等。箱体是机器或部件的外壳或座体，它是机器或部件的骨架零件，起着支承、包容、保护运动零件或其他零件的作用。

　　这种零件一般都是部件的主体零件，许多其他零件都要装在它的内部或外部，因此结构较复杂，毛坯多为铸件，部分结构要经机械加工而制成。如图 9.20 所示为泵体零件图。

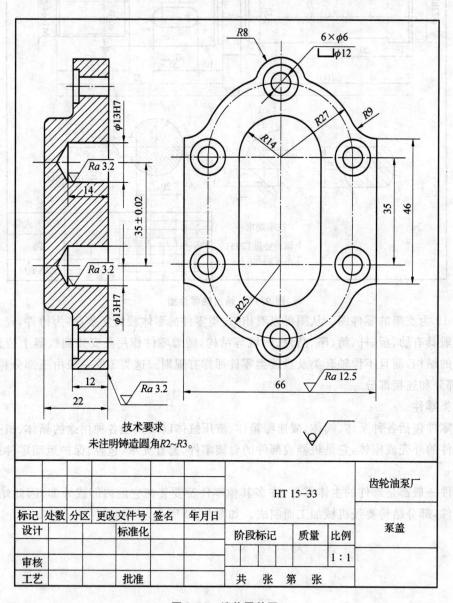

技术要求
未注明铸造圆角R2~R3。

标记	处数	分区	更改文件号	签名	年月日			HT 15-33		齿轮油泵厂
设计			标准化			阶段标记	质量	比例		泵盖
审核								1:1		
工艺			批准			共 张 第 张				

图 9.18 端盖零件图

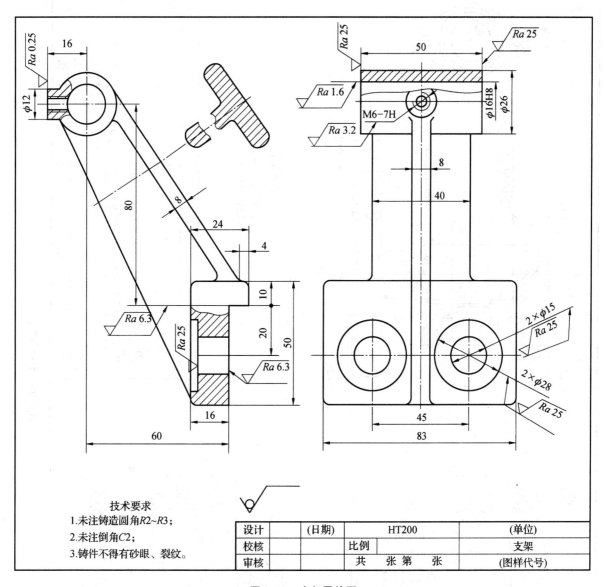

图 9.19 支架零件图

技术要求
1.未注铸造圆角*R2~R3*；
2.未注倒角*C2*；
3.铸件不得有砂眼、裂纹。

设计		（日期）	HT200		（单位）	
校核			比例		支架	
审核			共　张第　张		（图样代号）	

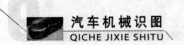

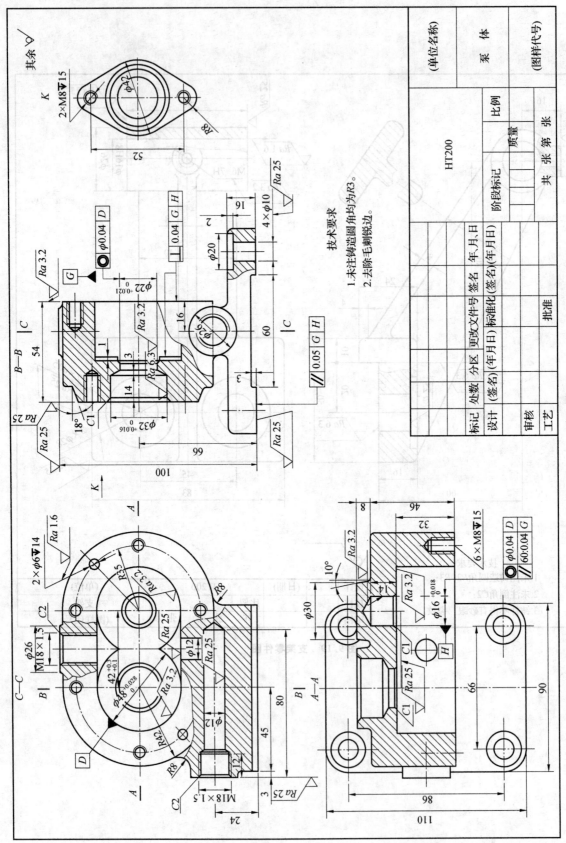

图9.20 泵体零件图

★ 任务实施

步骤一： 看标题栏	从标题栏可知,减速器输出轴材料为 45 号钢。
步骤二： 看各视图	采用了一个基本视图(主视图),一个移动断面图(主视图下方)。因轴大部分工序是在车床、磨床上进行加工,主视图符合该零件的加工位置。主视图中采用了局部视图表达轴上的中心孔;主视图下方的移动断面图表达轴上键槽的形状和尺寸,通过断面图,可知键宽 28 mm,计算出键深约 25 mm
步骤三： 看尺寸标注	轴套类零件主要尺寸是径向尺寸和轴向尺寸。径向尺寸一般以轴线为基准,长度方向尺寸一般以重要的端面(轴肩)作为主要基准。该轴的径向尺寸以水平轴线为基准,图中所标径向尺寸主要有 $\phi100$、$\phi125$、$\phi25$、$\phi30$ 等。长度方向以该轴的右端面为主要基准,标有尺寸 2、5、60、185、373 等。为方便测量,以轴的左端面作为长度方向的辅助基准,标有尺寸 183 等
步骤四： 看技术要求	技术要求可从以下几方面分析: (1)极限配合与表面粗糙度:该轴的配合表面均有尺寸公差要求,如 $\Phi100$、$\phi100$、$\phi100$、$\phi100$ 等。同时这些表面粗糙度要求较高,Ra 的上限值为 3.2,车削就可以达到 (2)形位公差:该轴上 $\phi100$ 的左端面对基准 $A-B$(两段 $\phi100$ 的外圆表面)的圆跳动公差为 0.002 mm (3)其他技术要求:材料为 45 号钢,为了提高材料的硬度和耐磨性,需进行调质处理,硬度为 260～290HBW等

任务9.5　识读齿轮油泵装配图

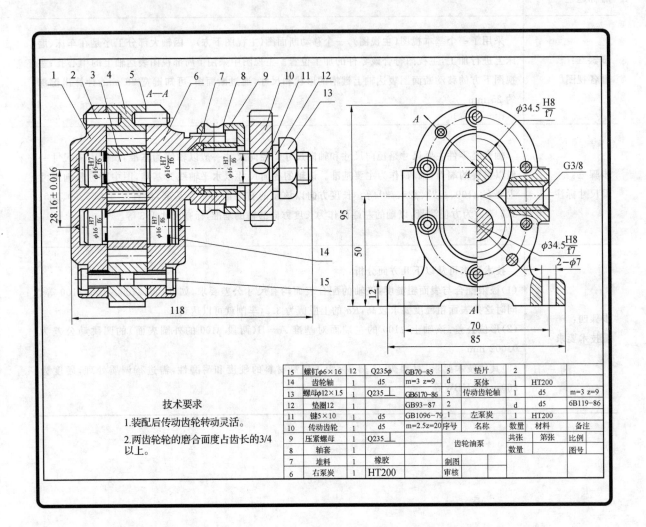

技术要求

1. 装配后传动齿轮转动灵活。
2. 两齿轮轮的磨合面度占齿长的3/4以上。

15	螺钉φ6×16	12	Q235φ	GB70-85	5	垫片	2		
14	齿轮轴		d5	m=3 z=9	d	泵体	1	HT200	
13	螺母φ12×1.5	1	Q235⏉	GB6170-86	3	传动齿轮轴	1	d5	m=3 z=9
12	垫圈12	1		GB93-87	2		d	d5	6B119-86
11	键5×10	1	d5	GB1096-79	1	左泵炭	1	HT200	
10	传动齿轮	1	d5	m=2.5z=20	序号	名称	数量	材料	备注
9	压紧螺母	1	Q235⏉		齿轮油泵		共张	第张	比例
8	轴套						数量		图号
7	堆料	1	橡胶		制图				
6	右泵炭	1	HT200		审核				

1. 装配图的作用和内容

（1）装配图的作用。

装配图可用来表达机器（或部件）的工作原理、装配关系和零件间连接形式，以及用以指导机器（或部件）的装配、检验、调试、安装、维修等。

在设计机器设备时，首先要根据设计任务书，绘制符合设计要求的装配图，然后再根据装配图拆画出零件图。在制造机器设备时，先按照零件图加工出合格的零件，再按照装配图进行组装和检验。在使用和维护机器设备时，也要通过装配图来了解机器的工作原理和构造。因此，装配图和零件图一样，也是生产中重要的技术文件。

（2）装配图的内容。

如图9.21所示为滑动轴承的轴测图，图9.22为滑动轴承的装配

图9.21　滑动轴承轴测图

图。从图中可以看出一张完整的装配图包括以下四项基本内容。

①一组视图。用各种常用表达方法和特殊表达方法,准确、完整、清晰和简便地表达机器(或部件)的工作原理、零件间的装配关系、连接方式以及主要零件的结构形状等。

②几类尺寸。装配图中必须标注出与机器(或部件)的性能、规格、外形、安装、配合和连接关系等方面有关的尺寸。

③技术要求。用文字或符号说明机器(或部件)在装配、检验、调试和使用等方面应达到的要求。

④标题栏、零件序号及明细栏。装配图上,必须对组成机器(或部件)的每个零件按顺序进行编号,并在明细栏中依次列出各零件的序号、名称、数量、材料等。在标题栏中,写明机器(或部件)的名称、图号、比例以及设计、制图、审核者和日期等。

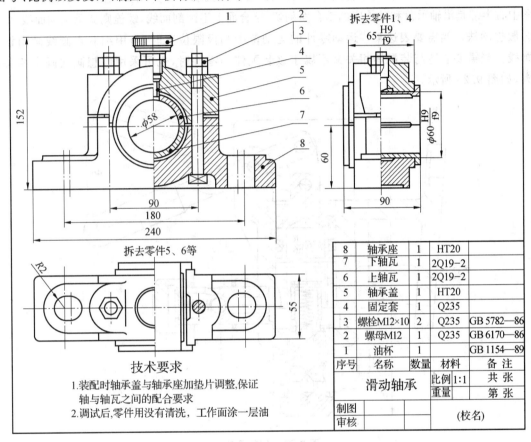

图 9.22 滑动轴承装配图

2. 装配图的表达方法

图样画法中所采用的视图、剖视、断面及其他画法都适用于装配图,但由于装配图与零件图表达的内容不同,装配图侧重表达机器(或部件)的装配关系、连接形式和工作原理,所以装配图还有另外一些规定画法和特殊表达方法。

(1)装配图的规定画法。

①两相邻零件的接触面和配合面之间只画一条轮廓线;非接触面和非配合面,无论间隙大小均画出两条轮廓线,并留有间隙。如图 9.22 中所示,轴承座与轴承盖之间不相互接触的面需要画两条轮廓线,相接触的配合面只需要画一条轮廓线。

②相邻的两个或多个金属零件,剖面线的画法应有所区别,或倾斜方向相反,或方向一致而间隔不等、相互错开。但同一零件各视图的剖面线方向、间隔必须一致。如图 9.22 中轴承座、轴承盖和上下轴瓦剖面线的画法。断面厚度小于 2 mm 的零件,允许用涂黑代替剖面线。

③对于紧固件以及轴、键、销等实心零件,若按纵向剖切,且剖切平面通过其对称平面或轴线时,这些

零件均按不剖绘制。如果需要表明此类零件上的凹槽、键槽、销孔等局部结构时,可用局部剖视表示。

(2)装配图的特殊表达方法。

①拆卸画。在装配图中,当某些零件遮住了所需表达的其他结构时,可假想是将某些零件拆卸后绘制或沿零件的结合面剖切后绘制的。当需要说明时,可在视图上方标注"拆去零件××"。如图9.23所示滑动轴承的俯视图的右半部,即是沿着轴承座与轴承盖和上、下轴瓦的结合面用拆卸代替剖切的画法(相当于沿轴承座与轴承盖的接合面剖切的半剖视图),所以只画螺栓横断面的剖面线,其余均不画剖面线。

②沿零件的结合面剖切画法。在装配图中,为了表示机器或部件的内部结构,可假想沿着某些零件的结合面进行剖切。这时,零件的结合面不画剖面线,其他被剖切的零件则要画剖面线,如图9.22所示俯视图中右半部是沿轴承盖和轴承座的结合面剖切,结合面上不画剖面线,螺栓则要画出剖面线。

③假想画法。当需要表达某些运动零件的运动范围和极限位置时,可用细双点画线画出该零件的轮廓线。当需要表达与装配体相关又不属于该装配体的零件时,也可采用假想画法画出相关部分的轮廓,如图9.23所示。

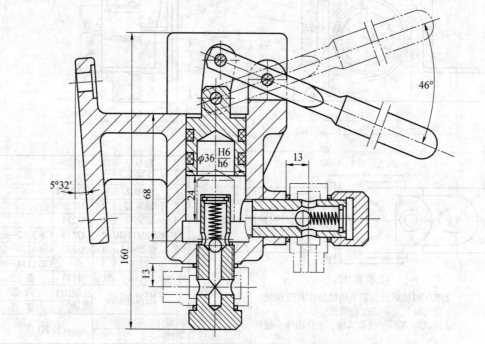

图9.23 假想画法

④简化画法。如图9.24所示装配图中如有若干呈规律分布的相同零、部件组(如螺栓连接等),只需要详细画出其中一组,其余用点画线表示位置即可。零件的工艺结构如小倒角、小圆角、退刀槽、拔模斜度等在装配图中允许省略不画。滚动轴承、油封等在装配图中可以采用简化画法或示意画法。

⑤夸大画法。装配图中如遇到薄片零件、细丝弹簧或较为细小的结构、间隙,按原始比例无法画出时,允许将其夸大绘制,如图9.24所示。

⑥展开画法。为了表达某些重叠的装配关系,可假想将空间轴系按其传动顺序展开在一个平面上,然后沿轴线剖切画出剖视图,这种画法称为展开画法,如图9.25所示。

3.装配图的尺寸标注及序号、明细栏

装配图不必像零件图那样标注出零件的全部尺寸,只需要标注与机器(或部件)的性能、工作原理、装配关系和安装要求相关的尺寸即可。一般有下列几种尺寸类型:

(1)性能(规格)尺寸。表示机器(或部件)性能和规格的尺寸,是设计、了解和选用机器(或部件)的主要依据,如滑动轴承轴孔直径 $\phi50H8$。

(2)装配尺寸。表示装配体各零件间的配合性质或装配关系的尺寸,如 $\phi60H8/k7$、$65H9/f9$ 等。

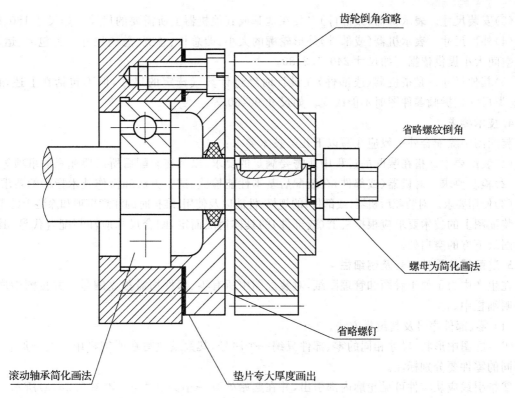

图 9.24 简化、夸大画法

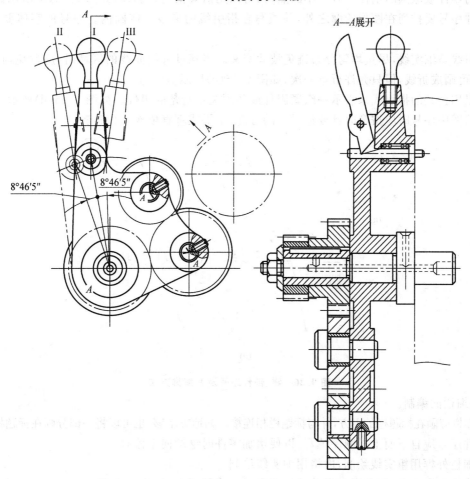

图 9.25 展开画法

（3）安装尺寸。表示机器（或部件）安装在地基或其他机器上所需要的尺寸。如尺寸180、R10。

（4）外形尺寸。表示机器（或部件）外形轮廓的大小，即总长、总宽、总高尺寸。为包装、运输、安装所需空间大小提供依据。如尺寸240、152、80。

（5）其他尺寸。是指机器（或部件）在设计时经过计算或选定的尺寸，但不包括在上述四类尺寸中，这类尺寸在拆画零件图时不能改变。如尺寸90、60等。

4. 技术要求

装配图中除配合外一般应注写以下几类技术要求：

（1）装配要求。指在装配的过程中所需要满足的要求，以及在装配后所需要注意的事项等。

（2）检验要求。对机器（或部件）在装配后基本性能检验、试验方法和操作技术指标的要求。

（3）使用要求。对装配后机器（或部件）的规格、性能以及使用、维护时的注意事项和涂装等的要求。

装配图上的技术要求应根据机器（或部件）的具体情况而定，配合尺寸应注写配合代号，其他要求写在图纸下方的空白处。

5. 装配图的零件序号及明细栏

在生产中为了便于看图和管理图纸，对装配图中所有零、部件均需独立编号。并按图中序号一一列在明细栏中。

（1）零、部件序号及其编排方法。

①装配图中形状、尺寸相同的零、部件只编一个序号，其数量填写在明细栏中。对于形状相同、尺寸不同的零件要分别标注。

②指引线应从零件可见轮廓内部引出，并在起始处画一小圆点表示，如图9.26（a）所示。若起始处是很薄的零件或涂黑的剖面不宜画小圆点时，可以用箭头指向轮廓线，如图9.26（b）所示。

③零件序号要排列在图形轮廓之外，并填写在指引线的横线上或圆内。序号的字体要比尺寸数字大一号。

④指引线是细实线，尽量均匀分布避免彼此交叉。当穿过有剖面线的区域时，应避免与剖面线平行，必要时可画成折线，但只允许折弯一次，如图9.26（c）所示。

⑤可以用公共的指引线来表示一组紧固件或装配关系清楚的组件。如图9.26（d）所示。

⑥编写图中序号时应按顺时针或逆时针的方向，水平或垂直依次排列整齐。

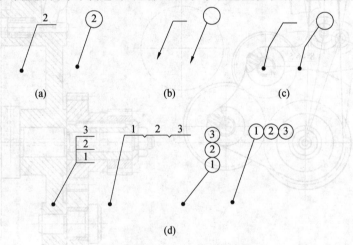

图9.26 零、部件序号及其编排方法

（2）明细栏的编制。

①明细栏应画在标题栏的上方，并与标题栏相连接。如地方不够，也可以将一部分画在标题栏的左边。

②零件序号应自下而上按顺序填写，以便增加零件时继续向上添补。

③明细栏外框用粗实线绘制，内格用细实线绘制。

④在实际生产中，还可将明细栏单独绘制在另一张图纸上，称为明细表。

图9.27（a）所示格式可供学习时使用。图9.27（b）为国标中规定的标题栏与明细栏的标准格式。

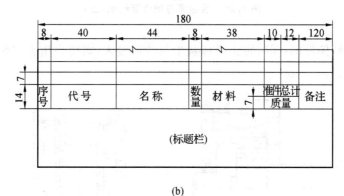

(a)

(b)

图 9.27　装配图标题栏与明细栏

6. 常见装配结构

在设计机器(或部件)时,为了保证装配质量,并考虑到拆装的方便,对装配结构的合理性要有一定的要求。

(1)接触面与配合面的结构。

①两零件相接触,同一方向上只能有一对接触平面,如图 9.28 所示。

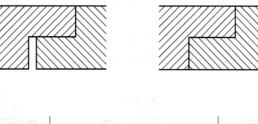

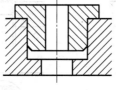 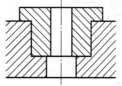

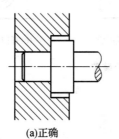 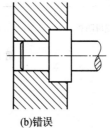

(a)正确　　　　　　　　　(b)错误

图 9.28　接触面与配合面结构(一)

②轴孔配合时,同一方向上也只允许有一对配合面。端面如相互接触时,则需加工出孔的倒角或轴的退刀槽,避免转角处 90°接触,如图 9.29 所示。

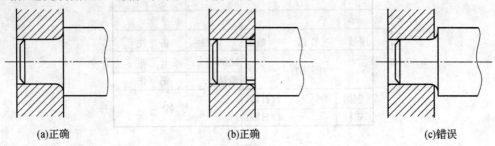

(a)正确　　　　　　　　(b)正确　　　　　　　　(c)错误

图 9.29　接触面与配合面结构(二)

(2)密封装置。

为防止部件内部液体外漏,同时防止外部灰尘与杂屑侵入,需要采用合理的防漏、密封装置。如图 9.30 所示。

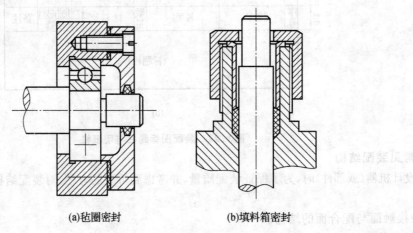

(a)毡圈密封　　　　　　　　(b)填料箱密封

图 9.30　密封装置

(3)防松结构。

为了防止机器在运转的过程中,螺纹紧固件受到冲击或振动后产生松动脱落现象,常采用双螺母、弹簧垫圈、止动垫圈和开口销等防松结构。如图 9.31 所示。

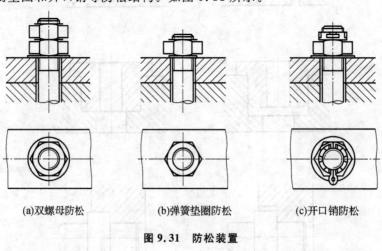

(a)双螺母防松　　　　　(b)弹簧垫圈防松　　　　　(c)开口销防松

图 9.31　防松装置

（4）方便装拆的结构。

①在滚动轴承的装配结构中，与轴承内圈结合的轴肩直径及与轴承外圈结合的孔径尺寸应设计合理，以便于轴承的拆卸，如图9.32所示。

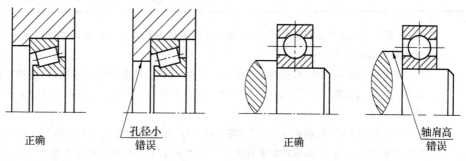

图 9.32　滚动轴承的装配结构

②螺栓和螺钉连接时，孔的位置与箱壁之间应留有足够空间，以保证安装的可能和方便，如图9.33所示。

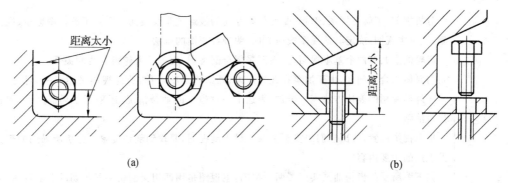

图 9.33　螺栓、螺钉连接的装配结构

③销定位时，在可能的情况下应将销孔做成通孔，以便于拆卸，如图9.34所示。

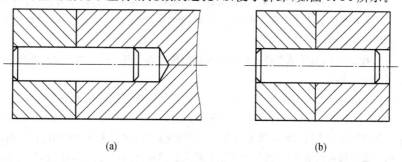

图 9.34　定位销的装配结构

任务实施

步骤一： 概括了解	（1）从标题栏了解装配体名称、大致用途和绘图的比例等。从标题栏了解绘图比例,查外形尺寸可明确装配体大小 齿轮油泵是机器润滑、供油系统中的一个部件,用来为机器输送润滑油,是液压系统中的动力元件。绘图的比例为 1：1,齿轮油泵外形尺寸为 118×85×95,由此可以对该装配体体形的大小有一个印象 （2）从零件编号及明细栏中,可以了解零件的名称、数量及在装配体中的位置。从明细栏了解装配体由哪些零件组成,标准件和非标准件各为多少,以判断装配体的复杂程度 齿轮油泵是由泵体、传动齿轮、齿轮轴、泵盖等零件组成的。齿轮油泵由 15 种 28 个零件组成,4 种标准件,属简单装配体
步骤二： 分析视图,了解 工作原理	分析视图,了解各视图、剖视、断面等相互间的投影关系及表达意图。了解视图数量、视图的配置,找出主视图,确定其他视图投射方向,明确各视图的画法 齿轮泵共有两个基本视图,主视图采用全剖视图,表达了齿轮泵的装配关系。左视图沿左泵盖与泵体结合面剖开,由于油泵在此方向内、外结构形状对称,故此视图采用了一半拆卸剖视和一半外形视图的表达方法——半剖,表达了一对齿轮的啮合情况,还采用了局部剖视,表达了进出口油路 根据视图配置,找出它们的投影关系。对于剖视图,要找到剖切位置。分析所采用的表达方法及表达的主要内容 如下图所示的齿轮油泵共用了两个视图,主视图是用两相交剖切平面剖切的全剖视图,它将该部件的结构特点、零件间的装配、连接关系大部分表达出来。由于油泵内、外结构形状对称,左视图为半剖视图,采用沿左端面剖切的拆卸画法,表达泵室内齿轮啮合情况,以及泵体的形状和螺钉的分布情况。主视图中的局部剖视图表达了一对齿轮的啮合情况,左视图中的局部剖视图则是用来表达进油口和出油口 一般情况下,直接从图样上分析装配体的传动路线及工作原理。当装配体比较复杂时,需参考产品说明书 如下图所示的齿轮油泵,当外部动力经齿轮传至传动齿轮时,即产生旋转运动。当它按逆时针方向(在左视图上观察)转动时,通过键,带动传动齿轮轴,再经过齿轮啮合带动从动齿轮,从而使齿轮轴顺时针方向转动。当主动齿轮逆时针方向转动时,从动齿轮顺时针方向转动,齿轮啮合区的右边的轮齿逐渐分开,齿轮油泵的右腔空腔体积逐渐扩大,油压降低,形成负压,油箱内的油在大气压的作用下,经吸油口被吸入齿轮油泵的右腔,齿槽中的油随着齿轮的继续旋转被带到左腔;而左边的各对轮齿又重新啮合,空腔体积缩小,使齿槽中不断挤出的油成为高压油,并由压油口压出,这样,泵室右面齿间的油被高速旋转的齿轮源源不断地带往泵室左腔,然后经管道被输送到机器中需要供油的部位

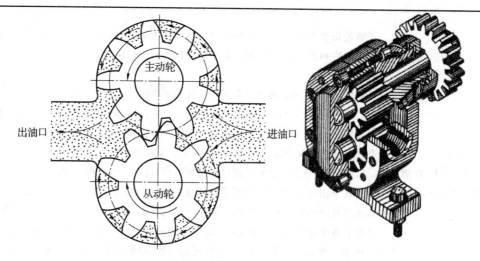

图 9.39 齿轮油泵工作原理图轴测图

这是读装配图进一步深入的阶段,需要把零件间的装配关系和装配体结构搞清楚。细致分析视图,弄清各零件之间的装配关系。以及各零件主要结构形状、各零件如何定位、固定和零件间的配合情况、各零件的运动情况、零件的作用及零件的拆、装顺序等

(1)齿轮油泵主要有两条装配线:一条是主动齿轮轴系统。它是由主动齿轮轴装在泵体和左泵盖及右泵盖的轴孔内;在主动齿轮轴上装有填料、压紧套及压紧螺母;在主动齿轮轴右边伸出端,装有齿轮、垫圈及螺母。另一条是从动齿轮轴系统,从动齿轮轴也是装在泵体和左泵盖及右泵盖的轴孔内,与主动齿轮啮合

(2)对于齿轮泵的结构可分析下列内容:

① 连接和固定方式。

在齿轮油泵中,左泵盖和右泵盖都是靠内六角螺钉与泵体连接,并用销来定位。填料是由压紧套及压紧螺母将其挤压在右泵盖的相应孔槽内。齿轮靠主动齿轮轴端面定位,用螺母及垫圈固定。两齿轮轴向定位,是靠两泵盖端面及泵体两侧面分别与齿轮两端面接触。从下图中可以看出,采用 4 个圆柱销定位、12 个螺钉紧固的方法可将两个泵盖与泵体连接在一起

② 配合关系。

凡是配合的零件,都要弄清基准制、配合种类、公差等级等。这可由图上所标注的极限与配合代号来判别。如两齿轮轴与两泵盖轴孔的配合均为 $\phi16\dfrac{H7}{f6}$。两齿轮与两齿轮腔的配合均为 $\phi34.5\dfrac{H8}{f7}$。它们都是基孔制、间隙配合,都可以在相应的孔中转动

③ 密封装置。

泵、阀等部件,为了防止液体或气体泄漏以及灰尘进入内部,一般都有密封装置。在齿轮油泵中,主动齿轮轴伸出端用轴套和压紧螺母压紧填料加以密封;两泵盖与泵体接触面间放有垫片,其作用也是密封防漏

④ 装拆顺序。

装配体在结构设计上都应有利于各零件能按一定的顺序进行装拆。齿轮油泵的拆卸顺序是:先拧出螺母,取出垫圈、齿轮和键,旋出压紧螺母,取出压紧套;再拧出左、右泵盖上各六个螺钉,两泵盖、泵体和垫片即可分开;然后从泵体中抽出两齿轮轴。对于销和填料可不必从泵盖上取下。如果需要重新装配,可按拆卸的相反次序进行

步骤三:
分析零件间的装配关系及装配体的结构

弄清楚每个零件的结构形状和作用,是读懂装配图的前提。在分析清楚各视图表达的内容后,对照明细栏和图中的序号,逐一分析各零件的结构形状。分析时一般从主要零件开始,再看次要零件

分析零件,首先要正确地区分零件。区分零件的方法主要是依靠不同方向和不同间隔的剖面线,以及各视图之间的投影关系进行判别。从标注该零件序号的视图入手,用对线条、找投影关系以及根据"同一零件的剖面线在各个视图上方向相同、间隔相等"的规定等,将零件在各个视图上的投影范围及其轮廓搞清楚,进而构思出该零件的结构形状。此外,分析零件主要结构形状时,还应考虑零件为什么要采用这种结构形状,以进一步分析该零件的作用

步骤四:
分析零件,看懂
零件的结构形状

零件区分出来之后,便要分析零件的结构形状和功用。例如,齿轮油泵件的结构形状。首先,从标注序号的主视图中找到件,并确定该件的视图范围;然后用对线条找投影关系,以及根据同一零件在各个视图中剖面线应相同这一原则来确定该件在左视图中的投影。这样就可以根据从装配图中分离出来的属于该件的投影进行分析,想象出它的结构形状。齿轮油泵的两泵盖与泵体装在一起,将两齿轮密封在泵腔内,同时对两齿轮轴起着支承作用。所以需要用圆柱销来定位,以便保证左泵盖上的轴孔与右泵盖上的轴孔能够很好地对中

分析清楚零件之间的配合关系、连接方式和接触情况,能够进一步了解装配体

在详细分析各个零件之后,可综合想象出装配体的结构和装配关系,弄懂装配体的工作原理,拆卸顺序。还需对装配图所注尺寸以及技术要求(符号、文字)进行分析研究,进一步了解装配体的设计意图和装配工艺。传动齿轮轴与传动齿轮的配合为 $\phi14H7/k6$,为基孔制过渡配合。$\phi16H7/h6$ 为基孔制间隙配合。$\phi34.5H8/f7$ 为基孔制间隙配合。尺寸 27.2 ± 0.016 为重要尺寸,反映出对啮合齿轮中心距的要求。118 为总长尺寸,85 为总宽尺寸,95 为总高尺寸。$2\times\phi7$、70 为安装尺寸。这样,对装配体的全貌就有了进一步的了解,从而读懂装配图,为进一步拆画零件图打好了基础。齿轮油泵的立体图如下图所示

步骤五:
归纳总结

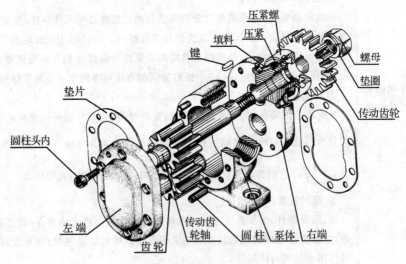

压紧螺
压紧
填料
键
螺母
垫圈
传动齿轮
垫片
圆柱头内
左端
齿轮
传动齿轮轴
圆柱 泵体 右端

齿轮油泵的立体图

以上所述是读装配图的一般方法和步骤,实际中有些步骤不能截然分开,而要交替进行。同时,读图总有一个具体的重点目的,在读图过程中应该围绕着这个重点目的去分析、研究。只要这个重点目的能够达到,那就可以不拘一格,灵活地解决问题了

模块 10

其他图样

【知识目标】

1. 了解常用焊接方法及数字代号。
2. 熟悉第三角画法的原理。焊缝的标注。

【技能目标】

1. 掌握第一角视图与第三角视图的转换方法。
2. 学会展开图绘制方法与步骤。

【模块任务】

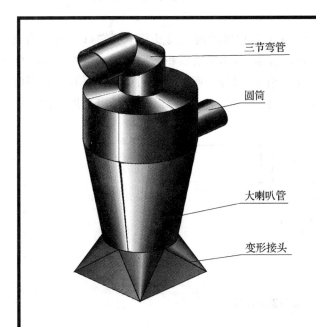

三节弯管

圆筒

大喇叭管

变形接头

汽车的水箱、排气管、管接头等，均属于钣金制作。钣金制作与其他连接多采用焊接、铆接或螺纹连接。

世界上大多数国家，如中国、法国、英国、德国等都是采用第一角画法，但是，美国、日本、加拿大、澳大利亚等则采用第三角画法。

本项目的任务是识读焊接图、展开图与第三角画法图样。

任务 10.1 绘制斜口圆锥管展开图

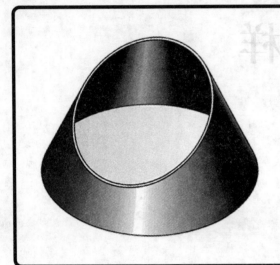

在实际生产中,经常会遇到用板料弯制成的薄板制件,制造这类产品时,一般先在薄板上根据其表面展开图画线,然后下料,再经过弯曲成形,最后将接缝连接起来,就制成了薄板制件。

将左图的斜口圆锥管表面展开成平面图形。

薄板制件的表面展开图是将其表面展开,按实际形状和大小依次摊平在一个平面上所得到的图形。因此画表面展开图实质上是作出物体表面的实形。

1. 平行线展开法

棱柱体表面的棱线或圆柱体表面的素线均为平行线,借助于立体表面的这些平行线来展开立体表面的方法,称为平行线展开法。

若形体表面是由无数条彼此平行的直线构成的,那么其相邻的两条线及其上下端口曲线所围成的微小面积,就可近似地看成是长方形。当分成的面积较多,各小平面面积按照原来的分割顺序和位置铺开时,形体表面就被展开了。由于各线在铺平前是相互平行的,所以铺平后仍相互平行。作图时可充分利用这一特性,只要找出这些直线之间的距离,以及它们各自的实长,即可得到展开图。图10.1所示是圆柱体表面展开图。

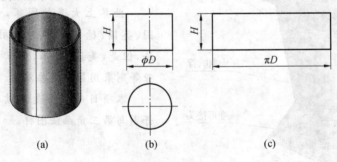

| (a) | (b) | (c) |

图 10.1 圆柱体表面展开图

斜口圆筒展开图作图步骤:

(1)作出主俯视图,并先将底面圆分成若干等分。

(2)将底面图在左视图位置展成一条直线,其长度等于底面圆周长,然后将其进行等分。(可以把俯视图上等分弦长视为近似弧长。)

（3）根据投影关系，主视图上的点与展开图高平齐。

（4）依次圆滑地连接各点，得到展开图，如图10.2所示。

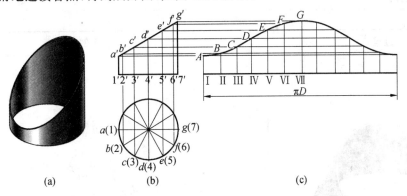

（a） （b） （c）

图 10.2 斜口圆柱体表面展开图

2. 放射线展开法

所有锥体表面的直线在展开前都交于一点，称为锥顶。展开后的直线仍交于一点，呈放射状，所以这种展开方法称为放射线展开法。

把锥体表面上任意相邻的两条直线（素线或棱线）及其所夹的底边看成是一个近似的平面三角形。当各小三角形的底边足够短的时候，各小三角形面积的和就等于原来形体的表面积。若把所有小三角形依次铺开成一平面，原来的形体表面也就展开了。作展开图的关键是确定这些直线（素线或棱线）的长度和相邻直线间的夹角或底边实长。

圆锥展开图作图步骤：

（1）画出正圆锥的主俯视图，并将俯视图的圆周进行若干等分（如12等分）。

（2）以 S 为圆心，以圆锥素线长度为半径画圆弧。

（3）以俯视图上等分弦长为近似弧长，在圆弧上截取12段，连接两起止点，即得展开图，如图10.3所示。

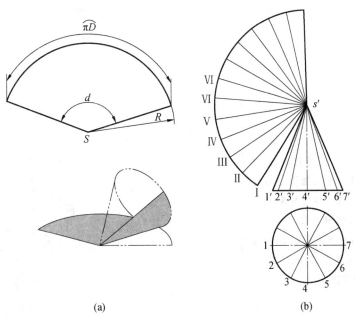

（a） （b）

图 10.3 圆锥体表面展开图

任务实施

过程	图例
步骤一： 作出主俯视图，并将底面圆进行若干等分（如12等分），得到1、2、3、…、7各点，在主视图的底面圆投影连线上得到 $1'$、$2'3$、…、$7'$，过锥顶连接 $s'1'$、$s'2'$、$s'3'$、…、$s'7'$，则在截交线上得 a'、b'、c'、d'、…，其中 $s'a'$ 为实长。 过 b'、c'、d'、…，作底面平行线，得到与 $s'a'$ 的交点 b_1'、c_1'、d_1'、…，分别为 $s'b'$、$s'c'$、$s'd'$、…的实长	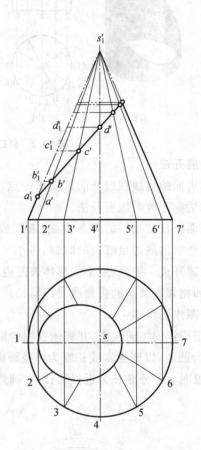
步骤二： 以 S 为圆心 $S\text{I}=s'1'$ 为半径画弧，然后近似地以弦代替弧长，在圆弧上量取 I II、II III、III IV 等12段弦长，并与 S 连接 在 SI 上取 $SA=s'a'$，在 SII 上取 $SB=s'b_1'$，在 SIII 上取 $SC=s'c_1'$，在 SIV 上取 $SD=s'd_1'$……最后依次光滑连接点 A、B、C、D、…得到斜口锥管的表面展开图	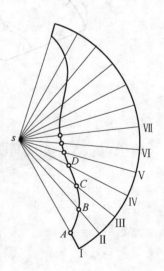

任务 10.2 绘制上圆下方变形管展开图

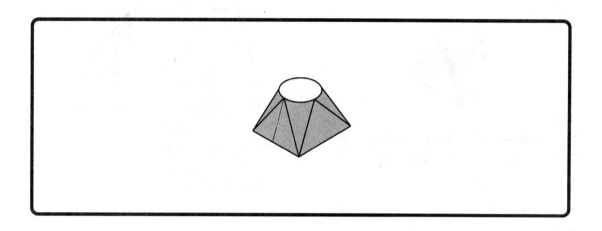

三角形展开法：

若形体的表面是由若干个平面与曲面、曲面与曲面或平面与平面构成的，那么可以把表面划分成若干个小三角形，再把这些小三角形按原来的相互位置和顺序不遗漏地铺开，则形体的表面就被展开了。

棱锥台表面展开图的画图步骤：

(1)用直角三角形法求棱边实长及连线ⅡⅢ实长。

(2)用已知三边作△ⅠⅡⅢ，同理作△ⅡⅢⅣ。

(3)连续作三角形，即得表面展开图，如图10.4所示。

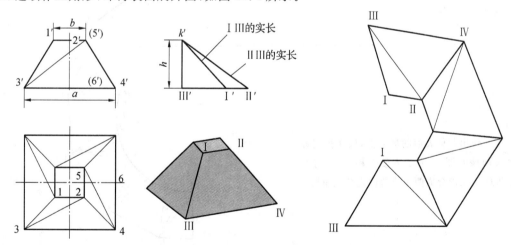

图 10.4 正四棱锥台表面展开图

绘制变形管接头的展开图，它的表面由四个全等的等腰三角形和四个相同的局部圆锥面组成。变形管接头的上口和下口的水平投影应为实形和实长；三角形的两腰 AI、BI 以及锥面上的所有素线均为一般位置直线，必须求出它们的实长才能画出展开图。

任务实施

过程	图例
步骤一： 作出主视图和俯视图。用直角三角形法求出等腰三角形两腰和各小三角形的两边的实长	（直角三角形法）
步骤二： 作 Ⅰ Ⅳ ＝14，分别以 Ⅰ、Ⅳ 为圆心，以 Ra_1 为半径作弧，交于点 E。得到左侧面等腰三角形的展开图	
步骤三： 再分别以 Ⅰ、E 为圆心，以 Rb_1、ed 为半径作弧交于点 D。以此类推，依次求出各小三角形的顶点 C、B、A。然后光滑连接点 A、B、C、D、E，即得一个 1/4 锥面的展开图	
步骤四： 用同样方法作出其他表面的展开图，依次排列即得整个表面展开图。（为了方便下料，一般将其中一个等腰三角形分成两个全等的直角三角形）	

任务 10.3   识读弯头焊接图

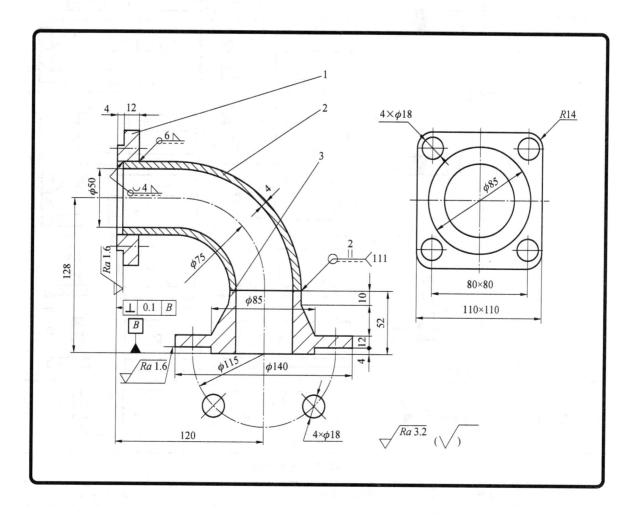

　　金属结构主要是通过焊接将型钢和钢板连接而成的,焊接是一种不可拆连接,因其工艺简单、连接可靠、节省材料等特点,所以应用日益广泛。

　　金属结构件被焊接后所形成的接缝称为焊缝。焊缝在图样上一般采用焊缝符号表。

10.3.1　焊缝符号及其标注

焊缝符号由基本符号与指引线组成,必要时还可以加上辅助符号、补充符号和焊缝尺寸符号。

1. 基本符号

表示焊缝横断面形状的符号,采用近似焊缝横断面形状的符号来表示。基本符号用粗实线绘制,见表 10.1。

2. 辅助符号

表示焊缝表面形状特征,用粗实线绘制,见表 10.2。

3. 补充符号

补充说明焊缝的某些特征所使用的符号,用粗实线绘制,见表 10.3。

汽车机械识图
QICHE JIXIE SHITU

表 10.1　常用焊缝的基本符号、图示法及标注方法示例

名称	符号	示意图	图示法	标注方法
I形焊缝	‖			
V形焊缝	V			
角焊缝	△			
点焊缝	○			

表 10.2　辅助符号及标注示例

名称	符号	形式及标注方法	说明
平面符号	—		表示 V 形对接焊缝表面平齐(一般通过加工)
凹面符号	⌣		表示角焊缝表面凹陷
凸面符号	⌢		表示 X 形对接焊缝表面凸起

表 10.3 补充符号及标注示例

名称	符号	标注方法	说明
带垫板符号	□		表示 V 形焊缝的背面底部有垫板
三面焊缝符号	⌣		工件三面施焊,开口方向与实际方向一致
周围焊缝符号	○		表示在现场沿工件周围施焊
现场符号	▶		
尾部符号	〈	5╱250 ⟨111 4条	表示用手工电弧焊,有四条相同的角焊缝

4. 指引线

一般由箭头线和两条基准线(一条为细实线,一条为细虚线)组成,采用细实线绘制。如图 10.5 所示,箭头线用来将整个焊缝符号指引到图样上的有关焊缝处,必要时允许弯折一次。基准线应与主标题栏平行。基准线的上面和下面用来标注各种符号及

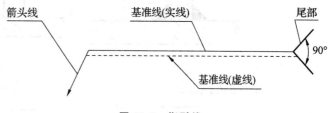

图 10.5 指引线

尺寸,基准线的细虚线可画在基准线的细实线上侧或下侧。必要时可在基准线(细实线)末端加一尾部符号,作为其他说明之用,如焊接方法和焊缝数量等。

5. 焊缝尺寸符号

焊缝尺寸符号用来表示坡口及焊缝尺寸,一般不必标注,见表 10.4。

表 10.4 常用焊缝尺寸符号

名称	符号	名称	符号
板材厚度	δ	焊缝间距	e
坡口角度	α	焊角尺寸	K
根部间隙	b	焊点熔核直径	d
钝边高度	p	焊缝宽度	c
焊缝长度	l	焊缝余高	h

（1）焊接方法及数字代号。

焊接的方法很多，常用的有电弧焊、电渣焊、点焊和钎焊等，其中以电弧焊应用最广。焊接方法可用文字在技术要求中注明，也可用数字代号直接注写在指引线的尾部，见表10.5。

表 10.5　常用焊接方法及数字代号

焊接方法	数字代号	焊接方法	数字代号
手工电弧焊	111	激光焊	751
埋弧焊	12	氧—乙炔焊	311
电渣焊	72	硬钎焊	91
电子束焊	76	点焊	21

（2）焊缝标注示例。

在技术图样或文件上需要表示焊缝或接头时，推荐采用焊缝符号。必要时，也可采用一般的技术制图方法表示，见表10.6。

表 10.6　焊缝标注示例

接头形式	焊缝形式	标注示例	说明
对接接头	α　δ　b	$a \cdot b$　$n \times l$　111	111 表示用手工电弧焊，V 形坡口，坡口角度为 a，根部间隙为 b，有 n 段焊缝，焊缝长度为 l
	K	K	▶ 表示在现场或工地上进行焊接 ▷ 表示双面角焊缝，焊角尺寸为 K
T 形接头	l　e	K　$n \times l(e)$	表示有 n 段断续双面角焊缝，l 表示焊缝长度，e 表示断续焊缝的间距
		K　$n \times l$　Z (e)	Z 表示交错断续角焊缝

续表 10.6

接头形式	焊缝形式	标注示例	说明
角接接头			□ 表示三面焊缝 ◁ 表示单面角焊缝
			表示双面焊缝,上面为带钝边的单边 V 形焊缝,下面为角焊缝
搭接接头			○ 表示点焊缝,d 表示焊点直径,e 表示焊点间距,n 为点焊数量,l 表示起点中心至板边的间距

任务实施

弯头焊接图由底盘、弯管、和方形凸缘三个零件组成。图样中不仅表达了各零件的装配和焊接要求,而且还表达了零件的形状、尺寸以及加工要求,因此不必另作零件图。焊接图识读要点:

(1)底盘和弯管的焊缝代号为 ,其中 ‖ 表示 I 形焊缝,对接间隙 $b=2$ mm;"111"表示全部焊缝均采用手工电弧焊。

(2)方形凸缘和弯管外壁的焊缝代号为 ,其中"O"表示环绕工件周围焊接,"◁"表示角焊缝,焊角高度为 6 mm。

(3)方形凸缘和弯管的内焊缝代号为 ,其中"⌣"表示焊缝表面凹陷。

任务 10.4　用第三角画法绘制挡块视图

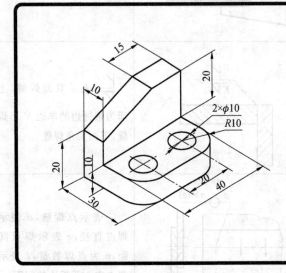

《技术制图 图样画法 视图》(GB/T 17451—1998)规定:"技术图样应采用正投影法绘制,并优先采用第一角画法。"世界上大多数国家,如中国、法国、英国、德国等都是采用第一角画法,但是,美国、日本、加拿大、澳大利亚等则采用第三解画法。为了便于国际交流与合作,我国在《技术制图 投影法》(GB/T 14692—2008)中规定:"必要时(如按合同规定等),允许使用第三解画法。"

1. 第三角投影方法

如图 10.6(a)所示,通常所用的 V、H、W 三投影面相互垂直将空间分为八个分角。前面所讲过的第一角投影是将物体置于第一分角内所得的投影,如图 10.6(b)所示。

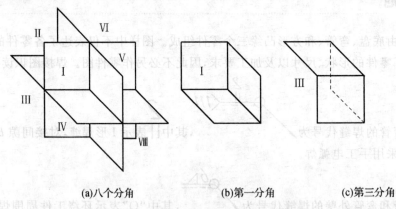

(a)八个分角　　　　　(b)第一分角　　　　　(c)第三分角

图 10.6　V、H、W 将空间分成的八个分角

将物体置于第三个分角内,假定各投影面是透明的玻璃,按照观察者—投影面—物体的相对位置关系,隔着玻璃看物体,将物体的轮廓形状映印在物体前的投影面上,如图 10.7 所示。

2. 六个基本视图的形成及名称

前视图:从前向后看,在前面 V 面得到的投影。

顶视图:从上向下看,在顶面 H 面得到的投影。

右视图:从右向左看,在右面 W 面得到的投影。

后视图:从后向前看,在后面得到的投影。

底视图:从下向上看,在底面得到的投影。

左视图:从左向右看,在左面得到的投影。

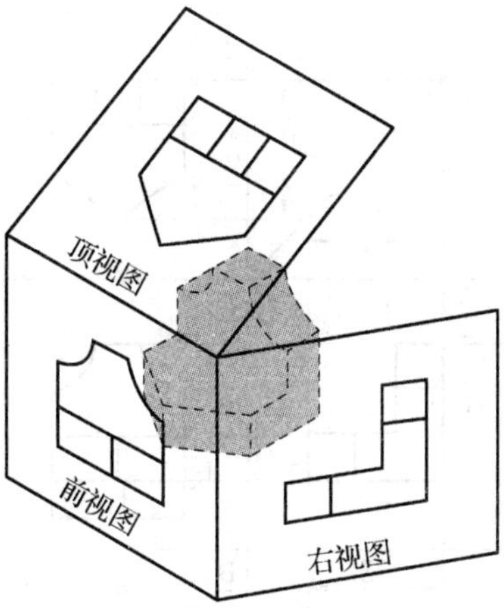

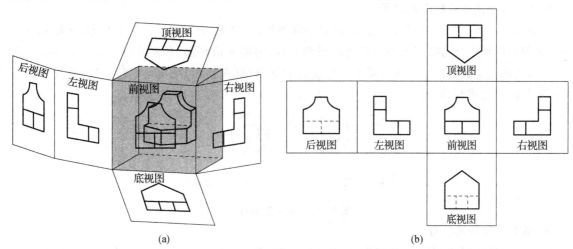

图 10.7　物体的第三角投影

第三角视图通常使用前视图、顶视图和右视图三个视图来表达。

3.投影面的展开

投影面的展开方法如图 10.8 所示,前面不动,将顶面往上旋转 90°;将右面往前旋转 90°;将左面往前旋转 90°;将底面往下旋转 90°;将后面连同左视图一起展开摊平。

(a)　　　　　　　　　　　　(b)

图 10.8　第三角投影的展开

4.各视图之间的关系

六个基本视图展开后,各视图之间的关系如图 10.9 所示。

(1)位置关系。

以前视图为基准,顶视图在前视图正上方,右视图在前视图正右方,底视图在前视图正下方,左视图在前视图正左方,后视图在右视图正右方。

(2)尺寸关系。

和第一角画法一样,第三角画法中的每个视图都反映了两个方向的尺寸:前视图和后视图反映长度和高度,顶视图和底视图反映长度和宽度,右视图和左视图反映了宽度和高度。视图之间同样"三等"的投影规律,即前视图、顶视图和底视图"长对正",前视图、左视图、右视图和后视图"高平齐",左视图、底视图、右视图和顶视图"宽相等"。

(3) 方位关系。

每个视图反映物体的四个方位:主视图和后视图反映了物体的左、右、上、下,右视图和左视图反映了物体的前、后、上、下,俯视图和仰视图反映了物体的左、右、前、后。因此也很容易看出:以前视图为基准,围绕前视图的左、右、顶、底四个视图的图形,靠近前视图的一侧在前面,远离前视图的一侧在后面。

169

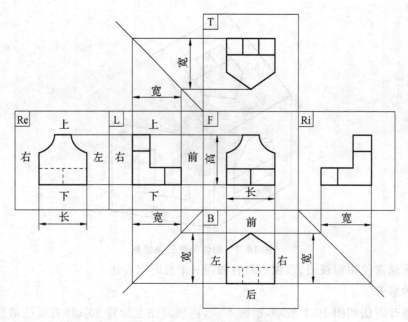

图 10.9　各视图之间的关系

5.第三角画法的投影识别符号

如图 10.10 所示投影识别符号按照《技术制图投影法》(GB/T 14692—2008)规定：采用第三角画法时，必须在图样中画出第三角画法的投影识别符号；用第一角画法，必要时可画出如图 10.10 所示第一角画法的投影标识符号。投影标识符号应在右下角（标题栏内）画出，需要注意的是在同一张图纸中，不得同时使用两种投影法。

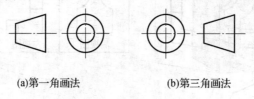

(a)第一角画法　　　　　　　(b)第三角画法

图 10.10　投影识别符号

6.斜视图和局部视图

第三角画法中斜视图和局部视图分别称为"辅助视图（Auxiliary View）"和"局部视图（Partial View）"。它们的形成原理与基本视图相同，即投影面在观察者和物体之间。第三角画法中的局部视图和斜视图一般按投影关系配置，无需标注说明，画法对比如图 10.11 和表 10.7 所示。

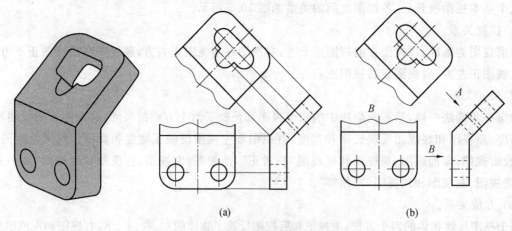

(a)　　　　　　　　　　　　(b)

图 10.11　斜视图与局部视图第一、三角画法对比

表 10.7　斜视图与局部视图第一、三角画法对比

项目		第三角画法	第一角画法
斜视图	视图名称	辅助视图	斜视图
	视图配置	视向右侧按投影关系就近配置,主要轮廓平行斜面	可移位或旋转放置
	标注	不标注	需标注视向和名称,若视图经旋转,需注明旋转符号
局部视图	视图配置	视向后侧按投影关系就近配置	可移位放置
	标注	按投影关系就近配置时不标注,不按投影关系配置时,可按剖面图形式标注	按基本视图配置且无其他图形隔开时无需标注,否则需标注视向和名称
	波浪线	粗实线	细实线

7.剖视图和断面图

剖视图和断面图在第三角画法中统称为剖面图(Sectional Views)。根据剖切范围和形式不同,分为全剖面(Full Section)、半剖面(Half Section)、旋转剖面(Revolved Section)、移出剖面(Removed Section)、破裂剖面(Broken Section)和虚拟剖面(Phantom Section)。

剖面图的配置与基本视图和斜视图等相同,全剖面图和半剖面图一般应画在剖切视向的后面。移出剖面图应画在剖切线的延长线上,必要时也可画在适当位置,在不引起错误理解的情况下,可以旋转放置。

剖面图的剖切位置采用粗双点画线画出,剖切后的视向在剖切线起点和末端用箭头表示,并注上字母表示剖面名称(在剖切平面转折的地方无需注写),在所画剖面图下方注写相应的剖面图名称,如"Section A—A"或"SECT A—A",如图 10.12 所示。剖切平面为对称面的全剖面图和半剖面图,省略标注,如图 10.13 所示。

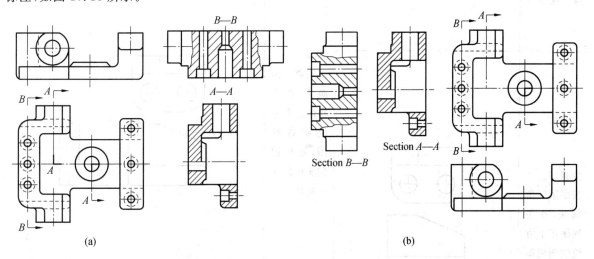

(a)　　　　　　　　　　(b)

图 10.12　剖视图第一、三角画法对比

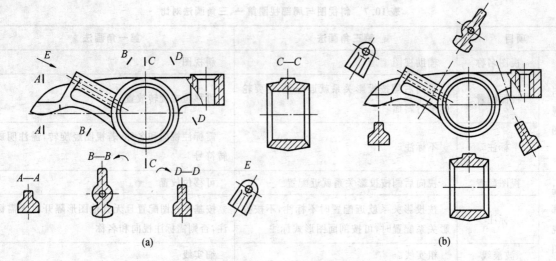

(a)   (b)

图 10.13   断面图第一、三角画法对比

任务实施

过程	图例	过程	图例
步骤一： 根据实体特征选择主视图方向，所得主视图		步骤三： 按照第三角画法，在主视图正右方绘制右视图，最终得到实体的三个视图	
步骤二： 按照第三角画法，在主视图正上方绘制俯视图			

附 录

附表 1　标准公差值(基本尺寸为 6～500 mm)　　μm

基本尺寸/mm	公 差 等 级							
	IT5	IT6	IT7	IT8	IT9	IT10	IT11	IT12
>6～10	6	9	15	22	36	58	90	150
>10～18	8	11	18	27	43	70	110	180
>18～30	9	13	21	33	52	84	130	210
>30～50	11	16	25	39	62	100	160	250
>50～80	13	19	30	46	74	120	190	300
>80～120	15	22	35	54	87	140	220	350
>120～180	18	25	40	63	100	160	250	400
>180～250	20	29	46	72	115	185	290	460
>250～315	23	32	52	81	130	210	320	520
>315～400	25	36	57	89	140	230	360	570
>400～500	27	40	63	97	155	250	400	630

附表 2　孔的极限差值(基本尺寸为 10～315 mm)　　μm

公差带	等级	基本尺寸/mm							
		>0～18	>18～30	>30～50	>50～80	>80～120	>120～180	>180～250	>250～315
D	8	+77 +50	+98 +65	+119 +80	+146 +100	+174 +120	+208 +145	+242 +170	+271 +190
	▼9	+93 +50	+117 +65	+142 +80	+174 +100	+207 +120	+245 +145	+285 +170	+320 +190
	10	+120 +50	+149 +65	+180 +80	+220 +100	+260 +120	+305 +145	+355 +170	+400 +190
	11	+160 +50	+195 +65	+240 +80	+290 +100	+340 +120	+395 +145	+460 +170	+510 +190
E	6	+43 +32	+53 +40	+66 +50	+79 +60	+94 +72	+110 +85	+129 +100	+142 +110
	7	+50 +32	+61 +40	+75 +50	+90 +60	+107 +72	+125 +85	+146 +100	+162 +110
	8	+59 +32	+73 +40	+89 +50	+106 +60	+126 +72	+148 +85	+172 +100	+191 +110
	9	+75 +32	+92 +40	+112 +50	+134 +60	+159 +72	+185 +85	+215 +100	+240 +110
	10	+102 +32	+124 +40	+150 +50	+180 +60	+212 +72	+245 +85	+285 +100	+320 +110

续附表2

公差带	等级	基本尺寸/mm							
		>0~18	>18~30	>30~50	>50~80	>80~120	>120~180	>180~250	>250~315
F	6	+27 / +16	+33 / +20	+41 / +25	+49 / +30	+58 / +36	+68 / +43	+79 / +50	+88 / +56
	7	+34 / +16	+41 / +20	+50 / +25	+60 / +30	+71 / +36	+83 / +43	+96 / +50	+108 / +56
	▼8	+43 / +16	+53 / +20	+64 / +25	+76 / +30	+90 / +36	+106 / +43	+122 / +50	+137 / +56
	9	+59 / +16	+72 / +20	+87 / +25	+104 / +30	+123 / +36	+143 / +43	+165 / +50	+186 / +56
	10	+70 / 0	+84 / 0	+100 / 0	+120 / 0	+140 / 0	+160 / 0	+185 / 0	+210 / 0
	▼11	+110 / 0	+130 / 0	+160 / 0	+190 / 0	+220 / 0	+250 / 0	+290 / 0	+320 / 0
K	6	+2 / −9	+2 / −11	+3 / −13	+4 / −15	+4 / −18	+4 / −21	+5 / −24	+5 / −27
	▼7	+6 / −12	+6 / −15	+7 / −18	+9 / −21	+10 / −25	+12 / −28	+13 / −33	+16 / −36
	8	+8 / −19	+10 / −23	+12 / −27	+14 / −32	+16 / −38	+20 / −43	+22 / −50	+25 / −56
N	6	−9 / −20	−11 / −28	−12 / −24	−14 / −33	−16 / −38	−20 / −45	−22 / −51	−25 / −57
	▼7	−5 / −23	−7 / −28	−8 / −33	−9 / −39	−10 / −45	−12 / −52	−14 / −60	−14 / −66
	8	−3 / −30	−3 / −36	−3 / −42	−4 / −50	−4 / −58	−4 / −67	−5 / −77	−5 / −86
P	6	−15 / −26	−18 / −31	−21 / −37	−26 / −45	−30 / −52	−36 / −61	−41 / −70	−47 / −79
	▼7	−11 / −29	−14 / −35	−17 / −42	−21 / −51	−24 / −59	−28 / −68	−33 / −79	−36 / −88

附表 3　轴的极限偏差（基本尺寸为 10～315 mm）

公差带	等级	基本尺寸/mm							
		>10～18	>18～30	>30～50	>50～80	>80～120	>120～180	>180～250	>250～315
d	6	−50 −61	−65 −78	−80 −96	−100 −119	−120 −142	−145 −170	−170 −199	−190 −222
	7	−50 −68	−65 −86	−80 −105	−100 −130	−120 −155	−145 −185	−170 −216	−190 −242
	8	−50 −77	−65 −98	−80 −119	−100 −146	−120 −174	−145 −208	−170 −242	−190 −271
	▼ 9	−50 −93	−65 −117	−80 −142	−100 −174	−120 −207	−145 −245	−170 −285	−190 −320
	10	−50 −120	−65 −149	−80 −180	−100 −220	−120 −260	−145 −305	−170 −355	−190 −400
f	▼ 7	−16 −34	−20 −41	−25 −50	−30 −60	−36 −71	−43 −83	−50 −96	−56 −108
	8	−16 −43	−20 −53	−25 −64	−30 −76	−36 −90	−43 −106	−50 −122	−56 −137
	9	−16 −59	−20 −72	−25 −87	−30 −104	−36 −123	−43 −143	−50 −165	−56 −186
g	5	−6 −14	−7 −16	−9 −20	−10 −23	−12 −27	−14 −32	−15 −35	−17 −40
	▼ 6	−6 −17	−7 −20	−9 −25	−10 −29	−12 −34	−14 −39	−15 −44	−17 −49
	7	−6 −24	−7 −28	−9 −34	−10 −40	−12 −47	−14 −54	−15 −61	−17 −69
h	5	0 −8	0 −9	0 −11	0 −13	0 −15	0 −18	0 −20	0 −23
	▼ 6	0 −11	0 −13	0 −16	0 −19	0 −22	0 −25	0 −29	0 −32
	▼ 7	0 −18	0 −21	0 −25	0 −30	0 −35	0 −40	0 −46	0 −52
	8	0 −27	0 −33	0 −39	0 −46	0 −54	0 −63	0 −72	0 −81
	▼ 9	0 −43	0 −52	0 −62	0 −74	0 −87	0 −100	0 −115	0 −130

续附表 3

公差带	等级	基本尺寸/mm							
		>10~18	>18~30	>30~50	>50~80	>80~120	>120~180	>180~250	>250~315
k	5	+9 +1	+11 +2	+13 +2	+15 +2	+18 +3	+21 +3	+24 +4	+27 +4
	▼ 6	+12 +1	+15 +2	+18 +2	+21 +2	+25 +3	+28 +3	+33 +3	+36 +4
	7	+19 +1	+23 +2	+27 +2	+32 +2	+38 +3	+43 +3	+50 +4	+56 +4
m	5	+15 +7	+17 +8	+20 +9	+24 +11	+28 +13	+33 +15	+37 +17	+43 +20
	6	+18 +7	+21 +8	+25 +9	+30 +11	+35 +13	+40 +15	+46 +17	+52 +20
	7	+25 +7	+29 +8	+34 +9	+41 +11	+48 +13	+55 +15	+63 +17	+72 +20
n	5	+20 +12	+24 +15	+28 +17	+33 +22	+38 +23	+45 +27	+51 +31	+57 +34
	▼ 6	+23 +12	+28 +15	+33 +17	+39 +20	+45 +23	+52 +27	+60 +31	+66 +34
	7	+30 +12	+36 +15	+42 +17	+50 +20	+58 +23	+67 +27	+77 +31	+86 +34
p	5	+26 +18	+31 +22	+37 +26	+45 +32	+52 +37	+61 +43	+70 +50	+79 +56
	▼ 6	+29 +18	+35 +22	+42 +26	+51 +32	+59 +37	+68 +43	+79 +50	+88 +56
	7	+36 +18	+43 +22	+51 +26	+62 +32	+72 +37	+83 +43	+96 +50	+108 +56

注:标注▼者为优先公差等级,应优先选用

参考文献

[1] 全国技术产品文件标准化技术委员会.技术产品文件标准汇编:技术制图卷[G].2版.北京:中国标准出版社,2009.

[2]全国技术产品文件标准化技术委员会.技术产品文件标准汇编:机械制图卷[G].北京:中国标准出版社,2007.

[3] 王幼龙.机械制图[M].3版.北京:高等教育出版社,2007.

[4] 果连成.机械制图[M].6版.北京:中国劳动保障社会出版社,2011.

[5] 刘亚静,刘德力.机械制图[M].北京:科学出版社,2009.

[6] 钱可强.机械制图[M].北京:机械工业出版社,2010.

(1)抄写。

(2)按左图的示样在右边作图。（比例1：1）

图中虚线部分是配合零件，不属画图范围。

0																						
1																						
2																						
3																						
4																						
5																						
6																						
7																						
8																						
9																						
努																						
力																						
学																						
习																						
汽																						
车																						
识																						
图																						

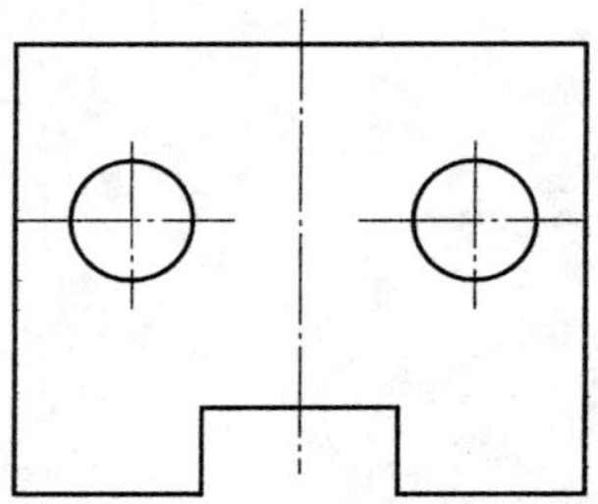

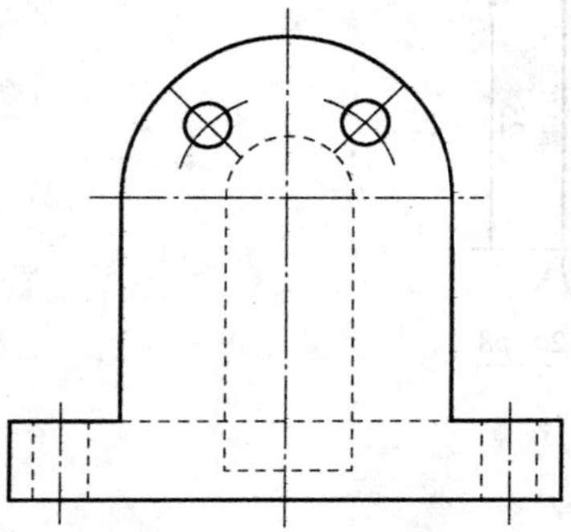

(1)绘制标题栏，并用1：1，1：2和2：1三种比例绘制下图。

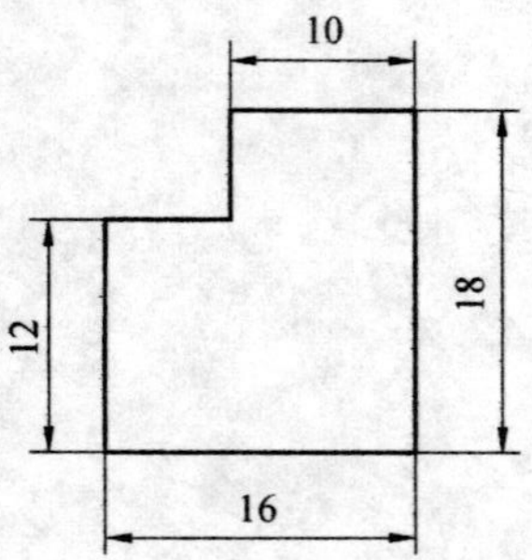

12

16

10

18

(2)绘制标题栏，并选用适当的比例绘制下图。

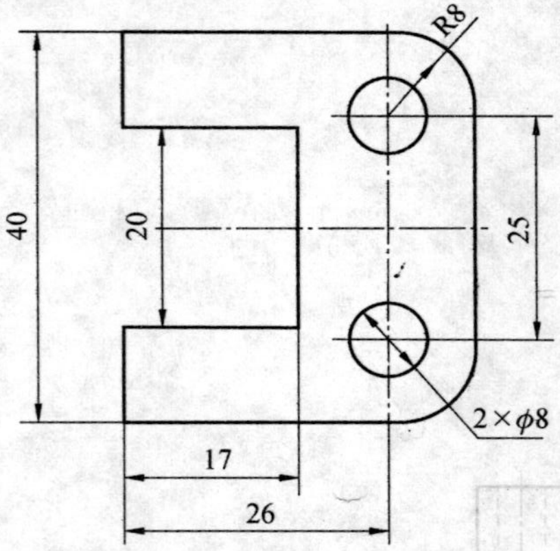

40

20

17

26

25

2×φ8

R8

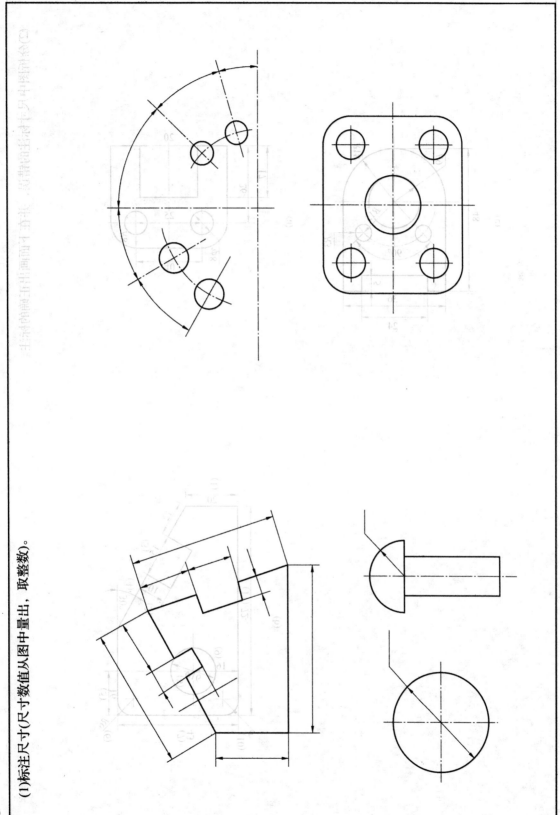

(1)标注尺寸(尺寸数值从图中量出，取整数)。

(2)分析图中尺寸标注的错误，并在下面画出正确的标注。

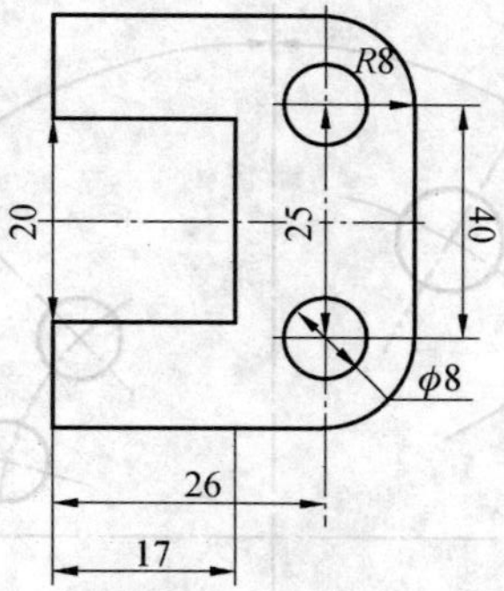

(a)

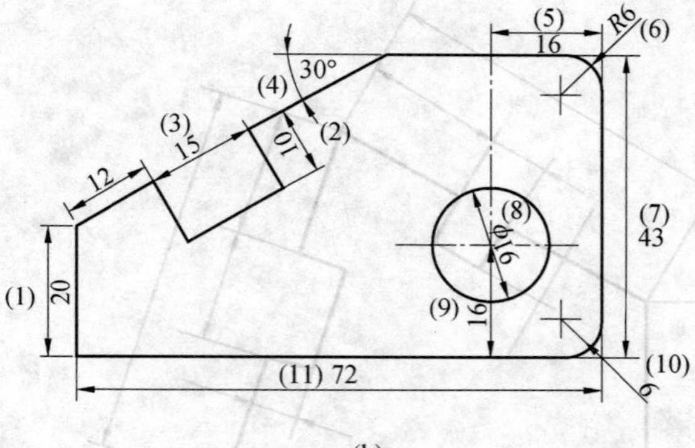

(b)

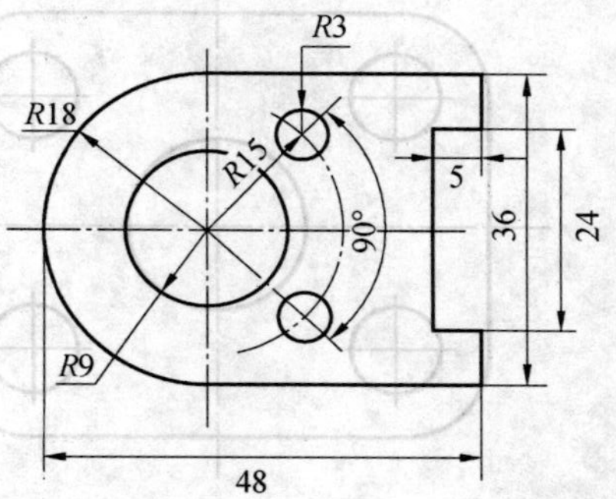

(c)

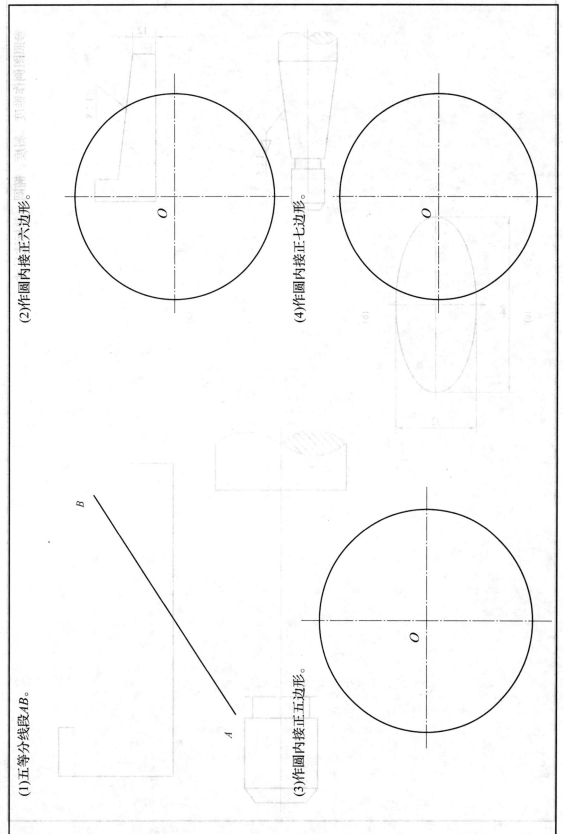

(1)五等分线段AB。

(2)作圆内接正六边形。

(3)作圆内接正五边形。

(4)作圆内接正七边形。

1—4

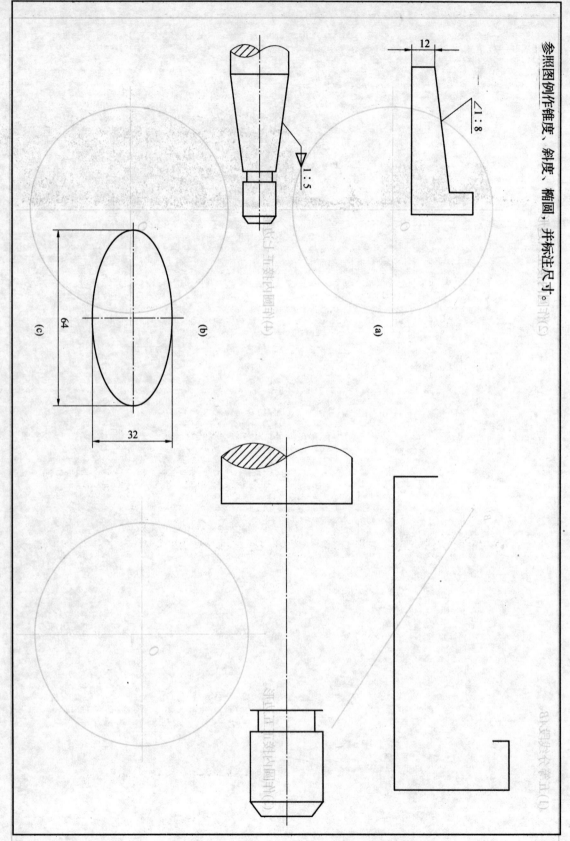

参照图例作锥度、斜度、椭圆，并标注尺寸。

参照图例作图。

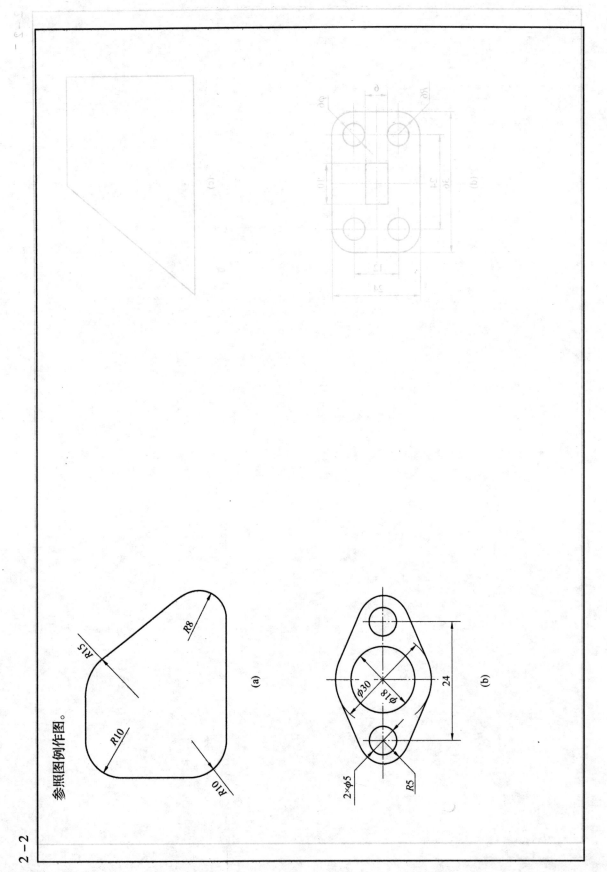

(a)

(b)

2－2

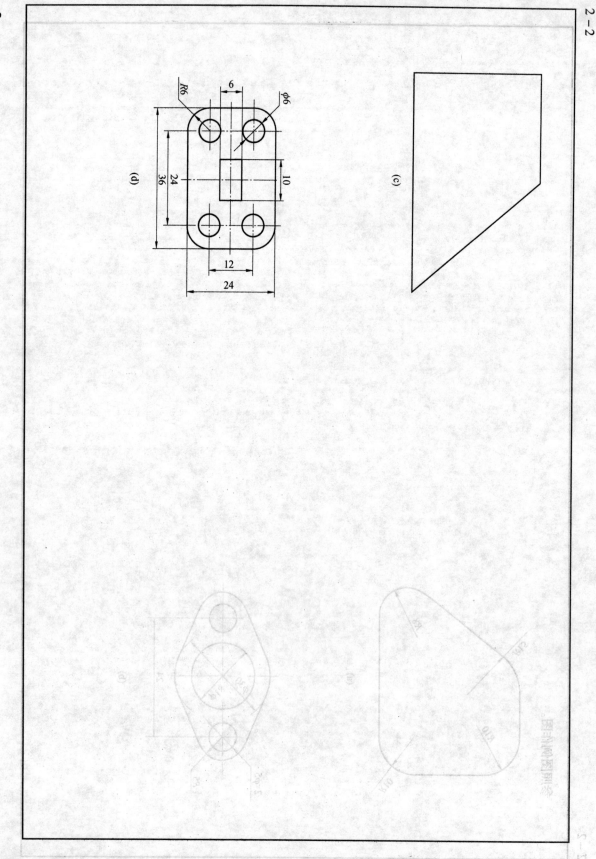

(c)

(d)

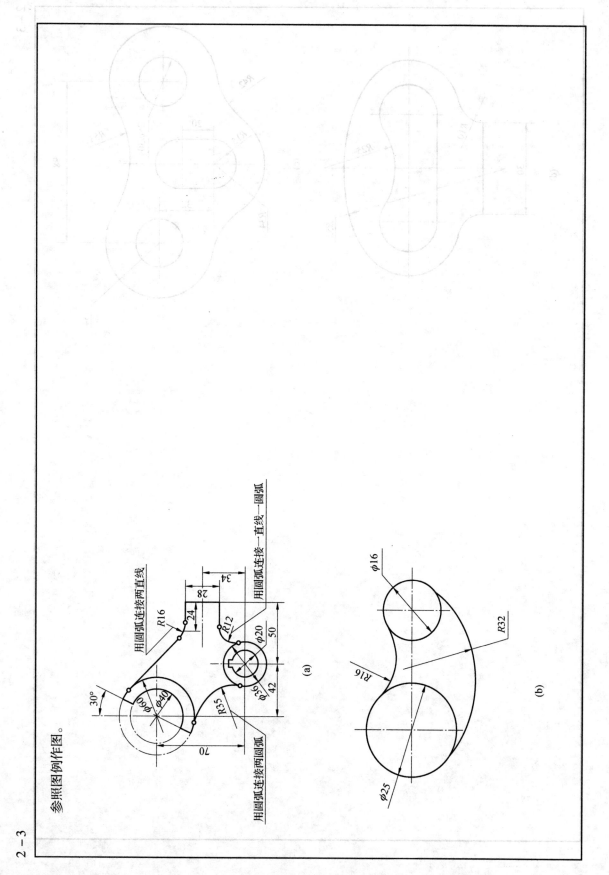

参照图例作图。

2 - 3

6

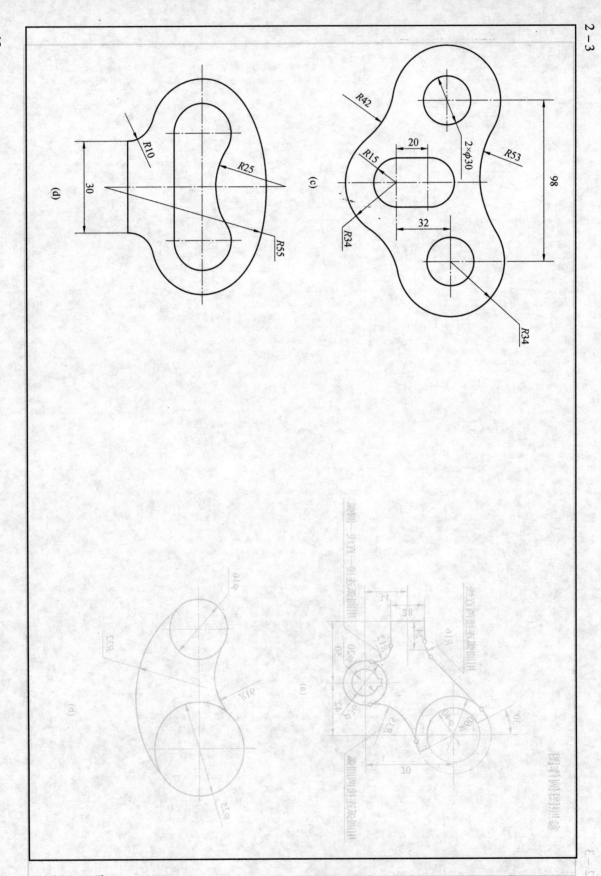

(c)

(d)

R10

R25

R55

30

R42

R15

R34

R53

R34

20

32

98

2×φ30

参照图例作图。

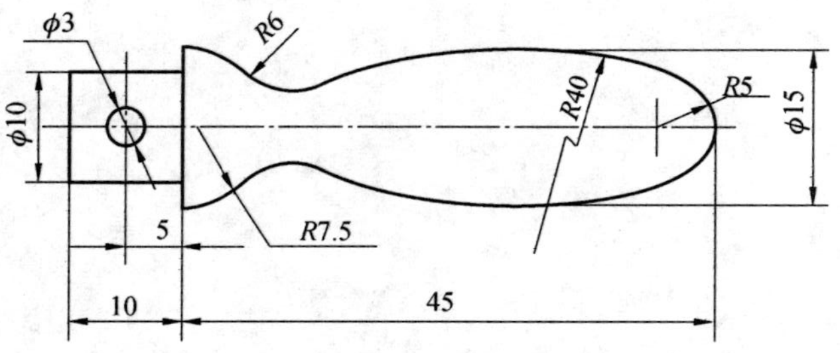

φ15

R5

R40

45

R7.5

R6

φ3

5

10

φ10

(a)

50

32

40

R18

R16

R14

φ14

φ9

R7

R30

R20

R50

R10

R8

R14

R32

(b)

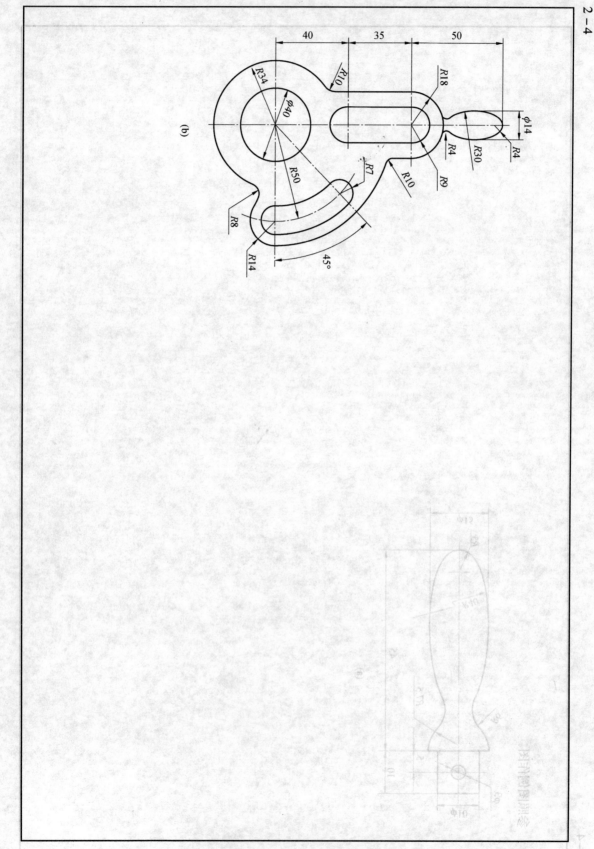

(b)

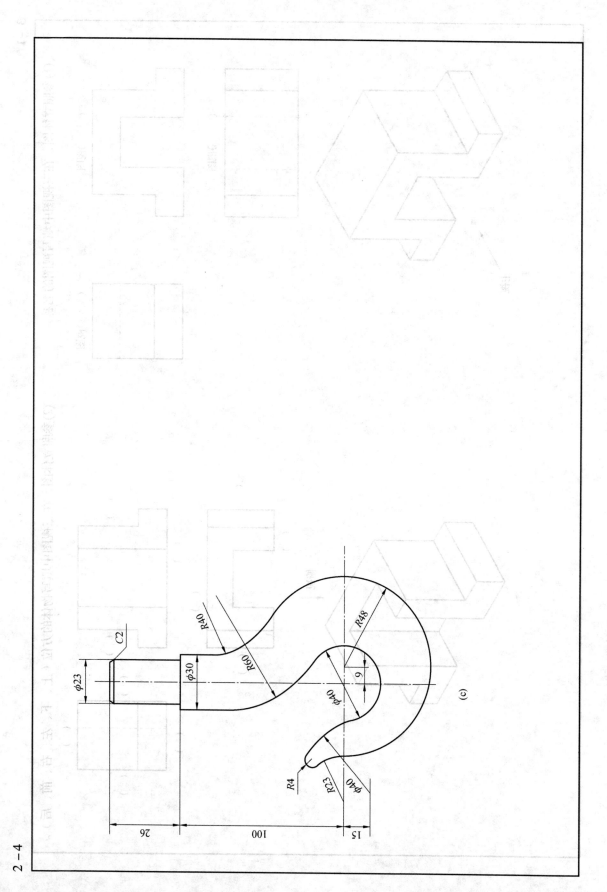

(c)

(1)参照立体图，在三视图中填写视图的名称。

(2)参照立体图，在三视图中填写物体的方位（上、下、左、右、前、后）。

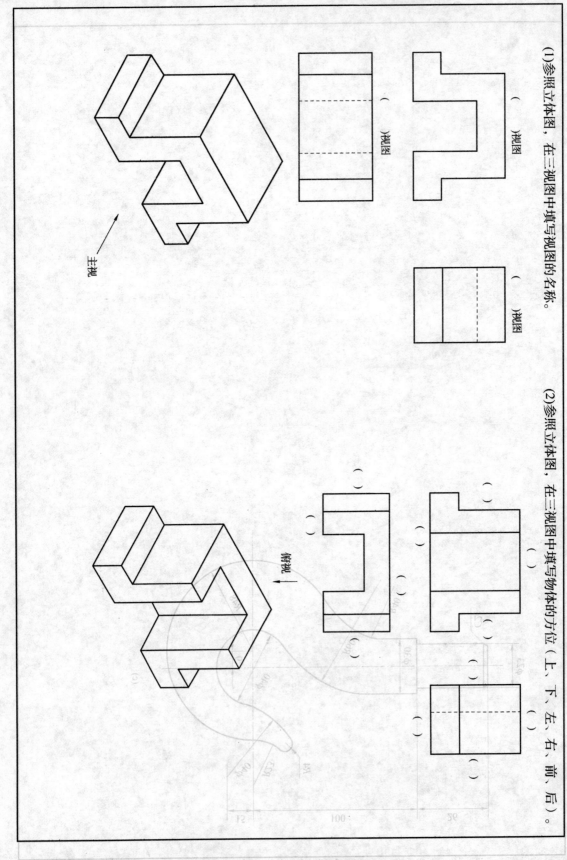

（　　）视图

（　　）视图

（　　）视图

主视

俯视

(3)参照立体图，看懂三视图，在括号中填写对应的编号。

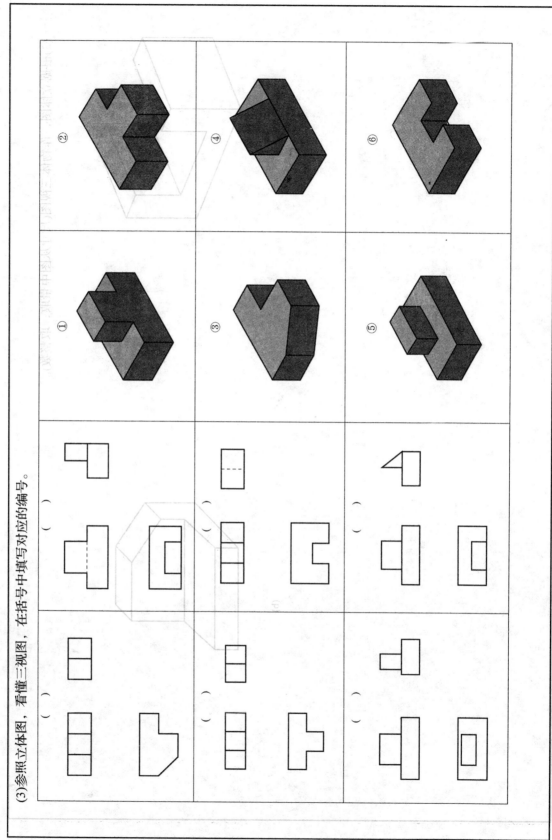

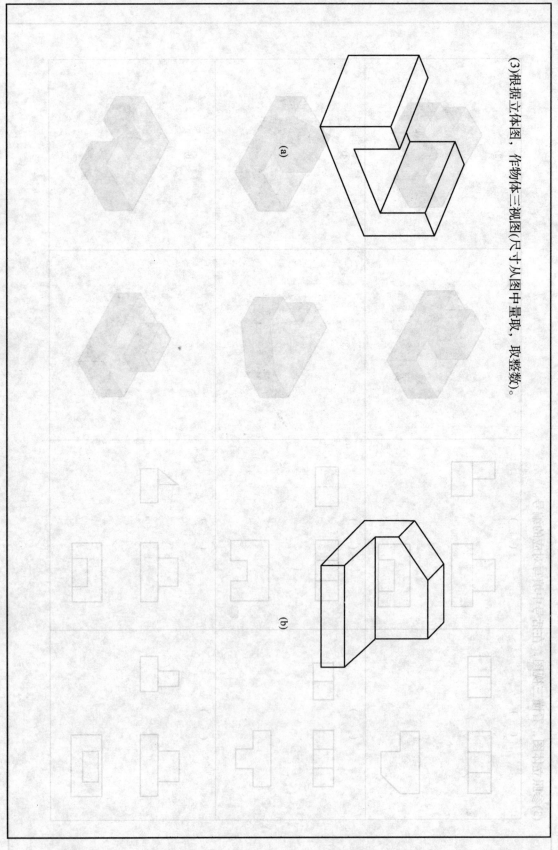

(3)根据立体图，作物体三视图(尺寸从图中量取，取整数)。

(a)

(b)

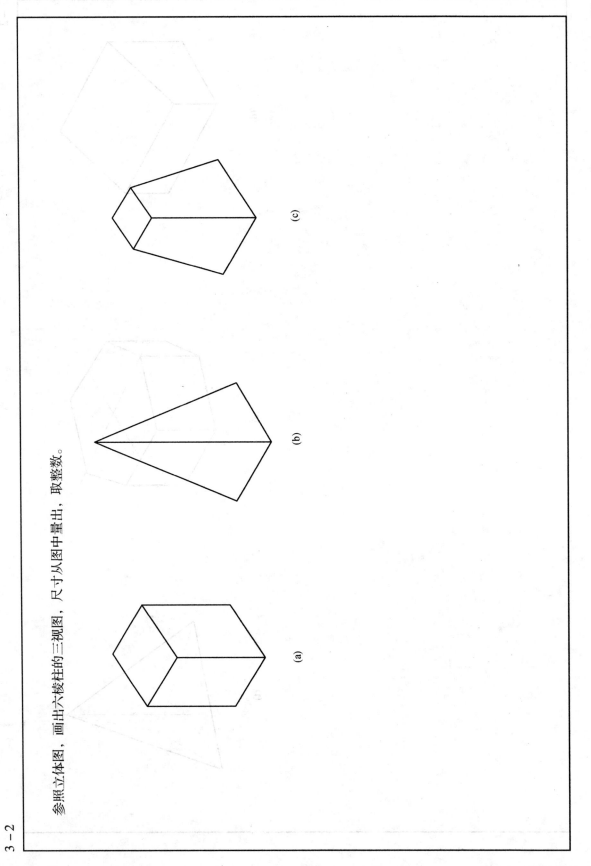

参照立体图，画出六棱柱的三视图，尺寸从图中量出，取整数。

(a)　　　　(b)　　　　(c)

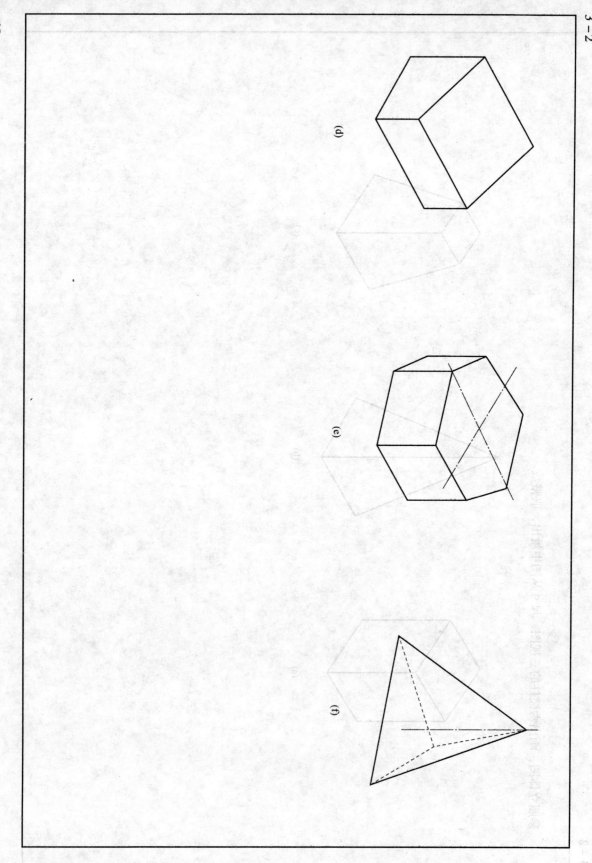

(d)

(e)

(f)

3－3

(1)参照立体图，看懂三视图，在括号中填写对应的编号。

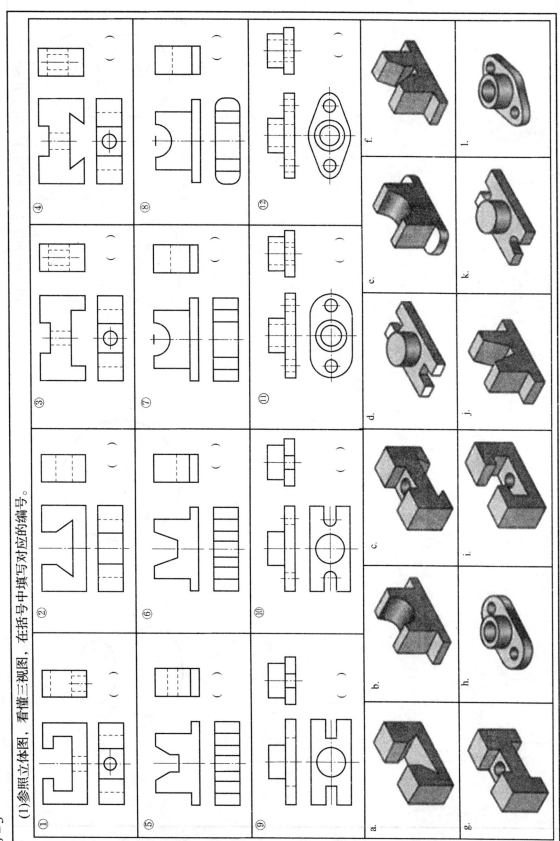

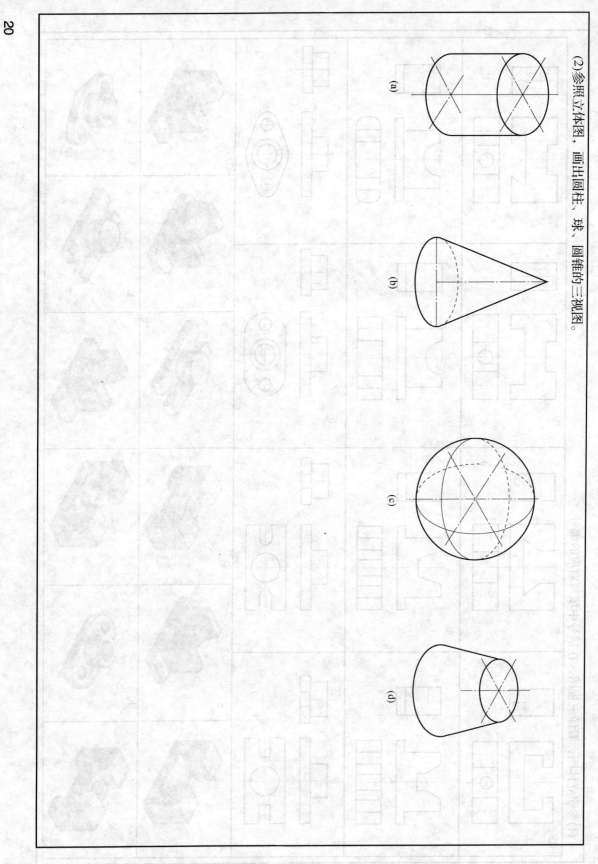

(2)参照立体图，画出圆柱、球、圆锥的三视图。

(a)

(b)

(c)

(d)

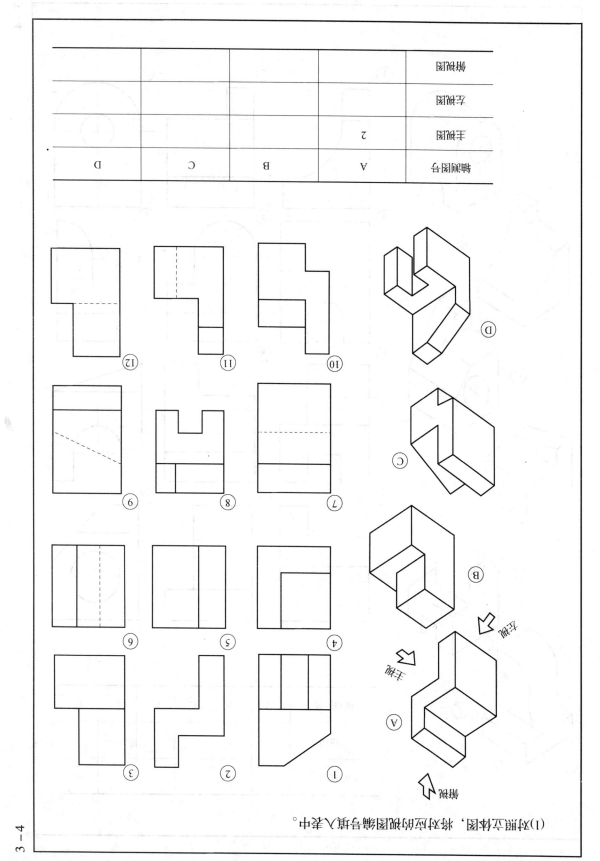

（1）对照立体图，将对应的视图编号填入表中。

轴测图号	A	B	C	D
主视图	2			
左视图				
俯视图				

3—4

21

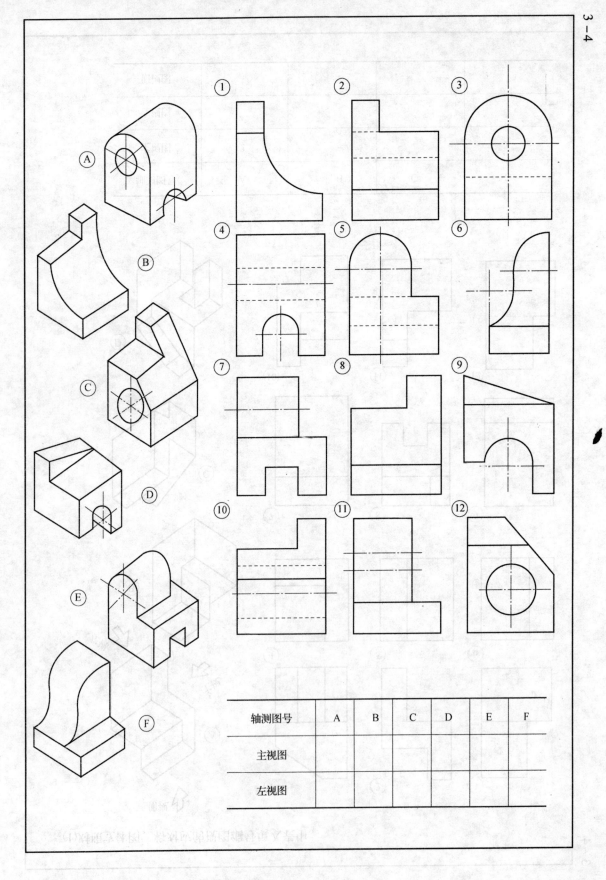

轴测图号	A	B	C	D	E	F
主视图						
左视图						

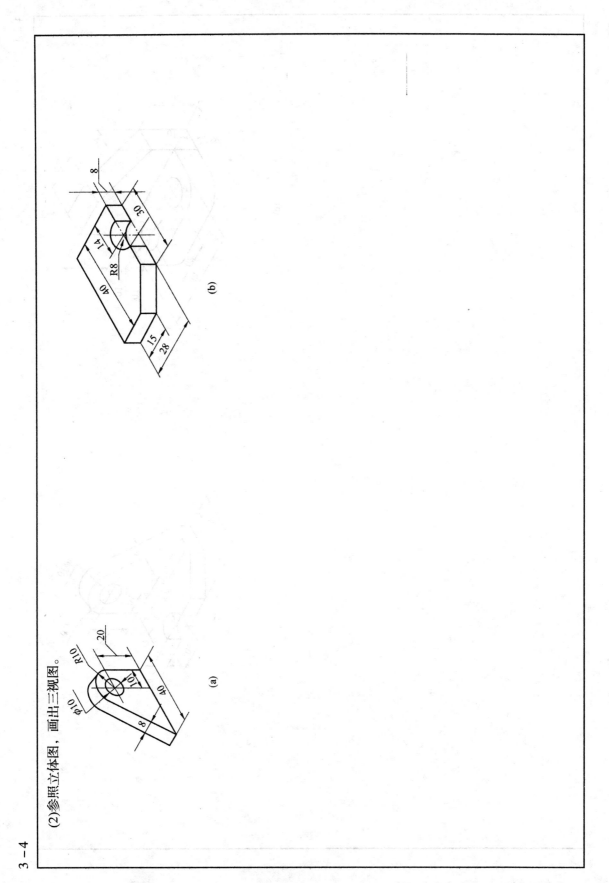

(2)参照立体图，画出三视图。

(a)

(b)

3 — 4

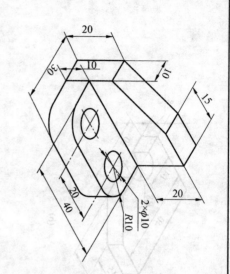

(c)

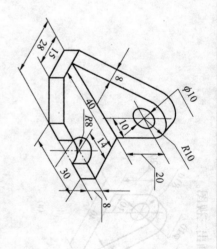

(d)

根据物体的视图，画出正等轴测图，尺寸从图中量取。

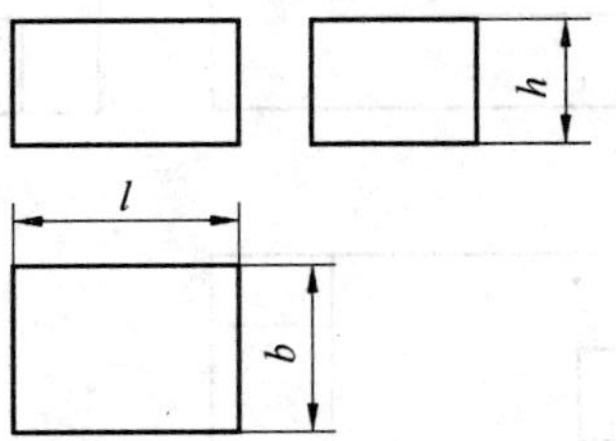

4 – 1

(a)

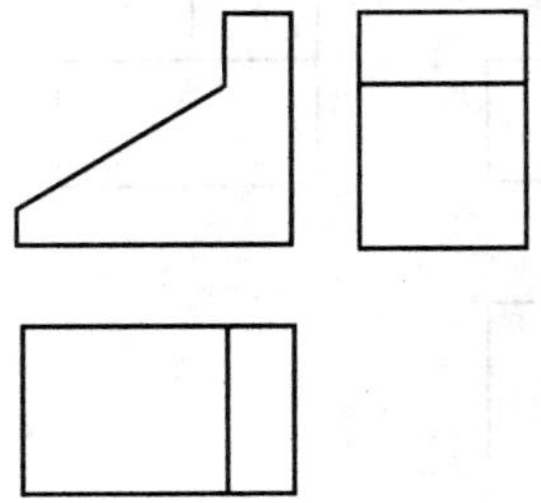

(b)

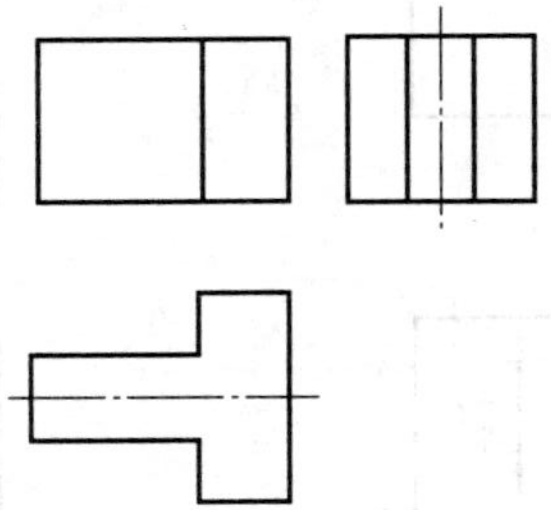

(c)

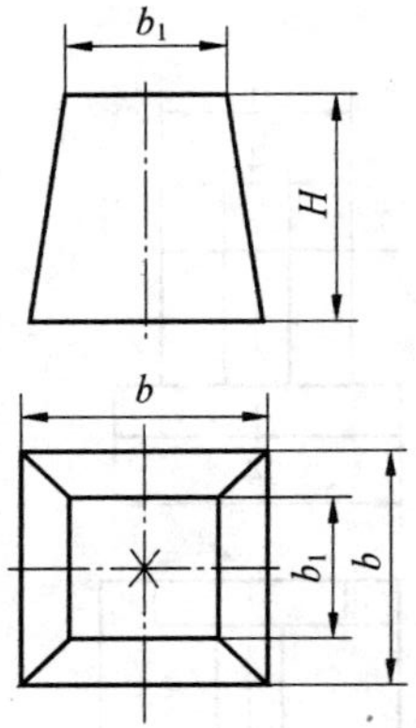

(d)

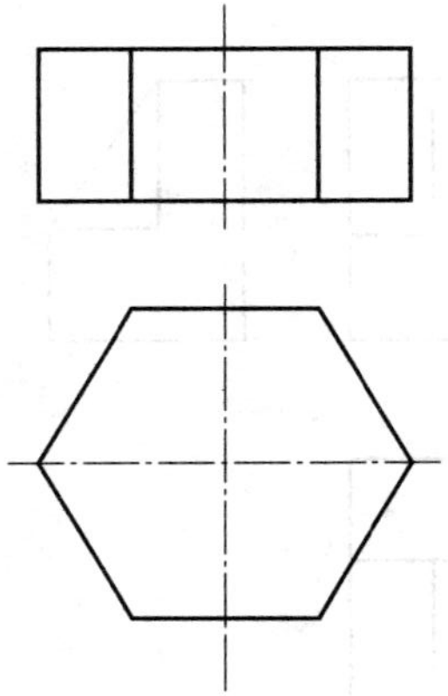

(e)

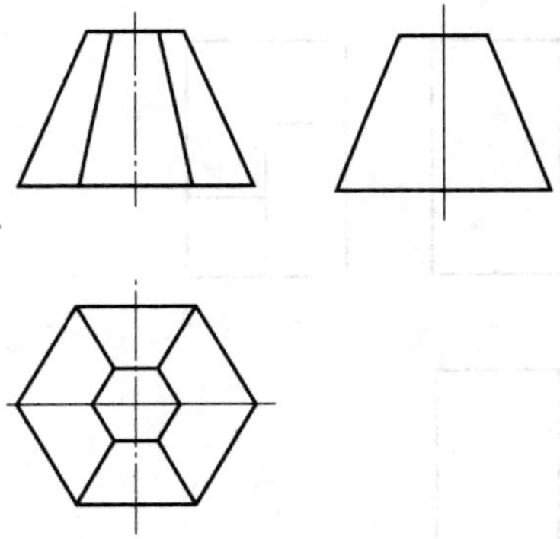

(f)

4-2 根据物体的视图，画出正等轴测图，尺寸从图中量取。

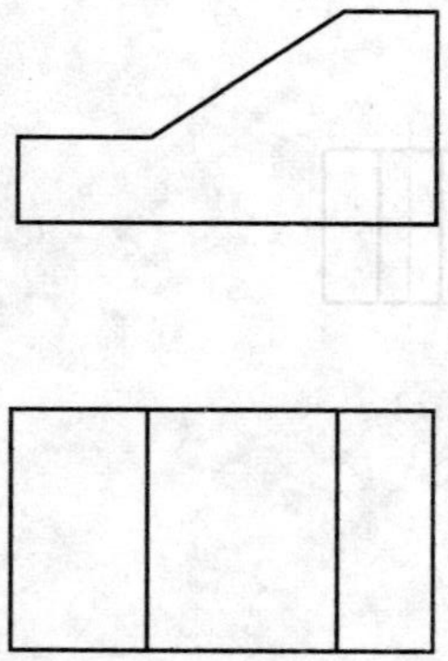

(a)

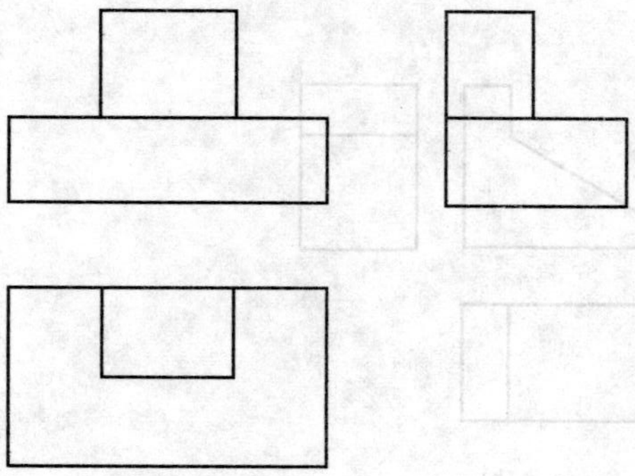

(b)

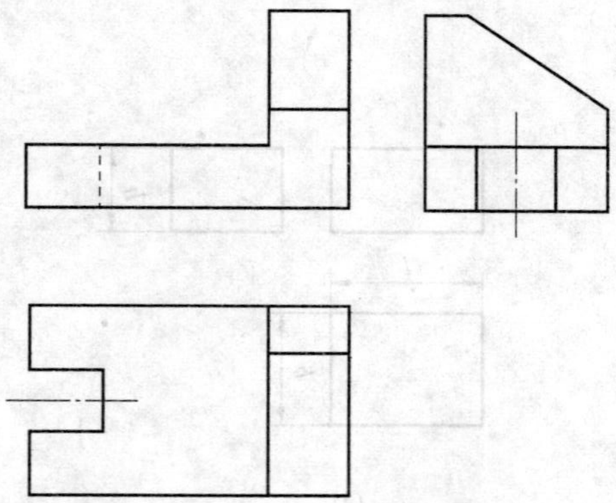

(c)

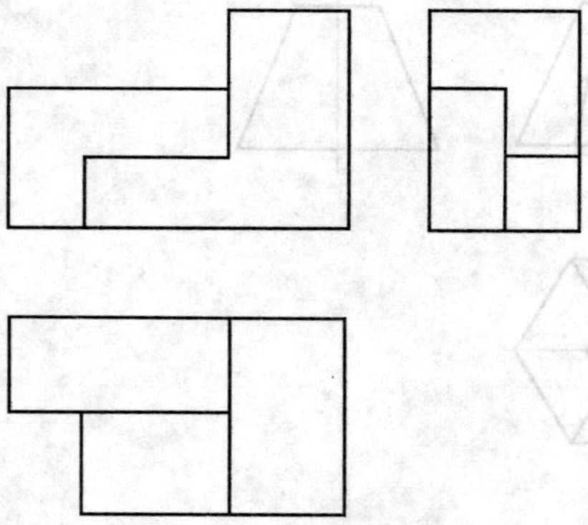

(d)

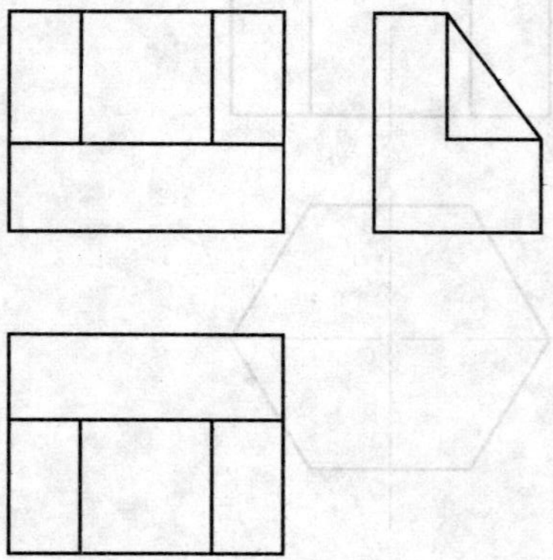

(e)

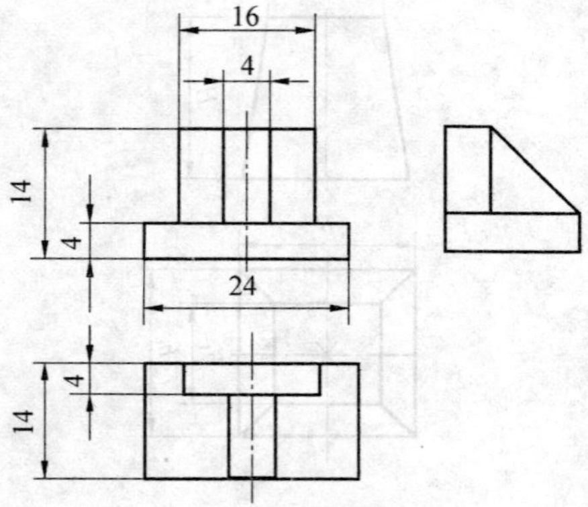

(f)

14

14

4

4

24

16

4

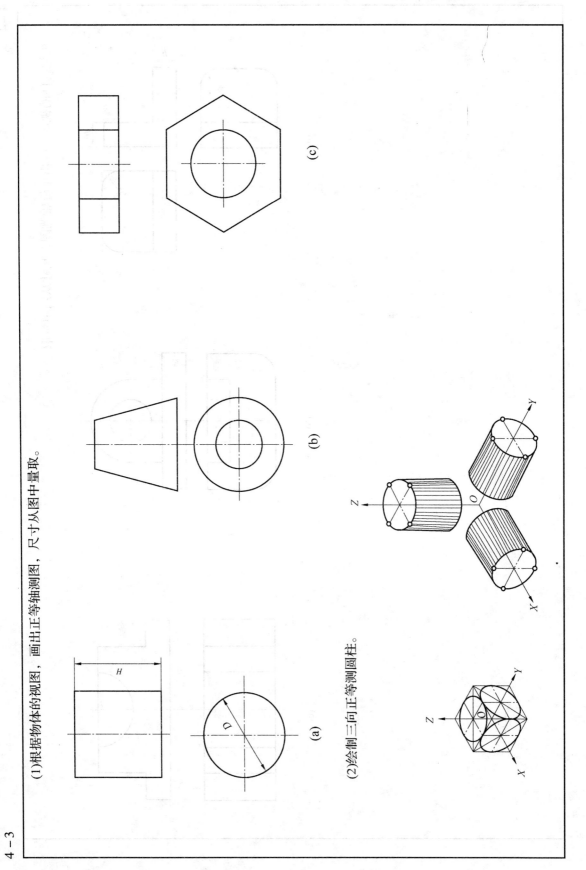

（1）根据物体的视图，画出正等轴测图，尺寸从图中量取。

H

D

（a）

（b）

（c）

（2）绘制三向正等测圆柱。

Z

Y

X

O

Z

Y

X

O

根据物体的视图，画出正等轴测图，尺寸从图中量取。

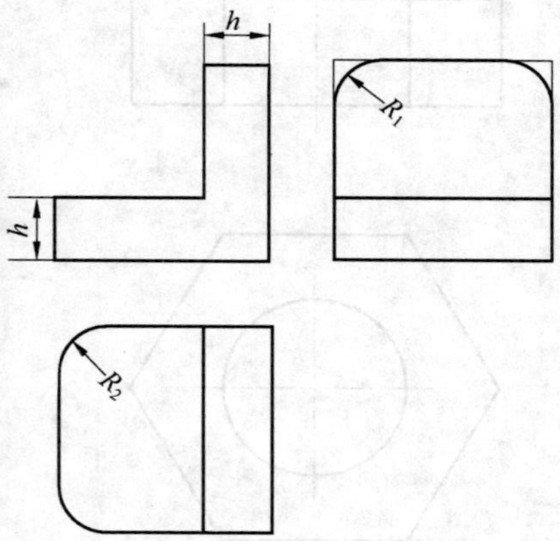

(a)

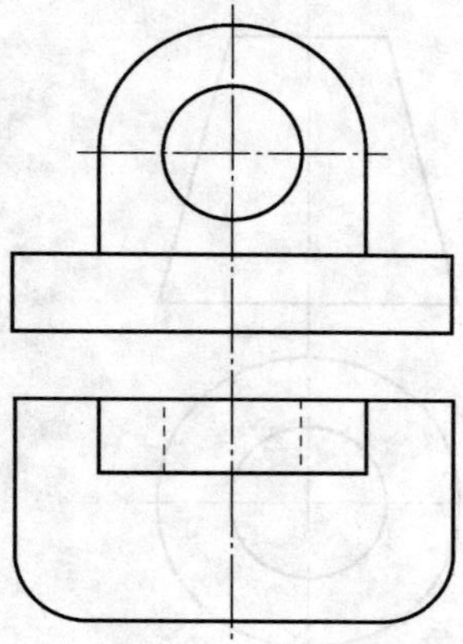

(b)

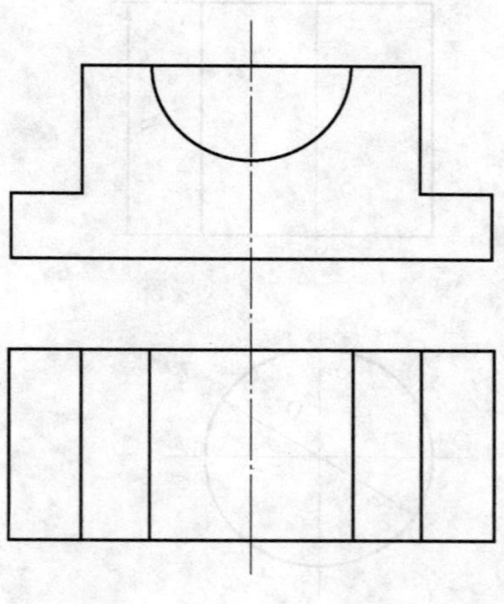

(c)

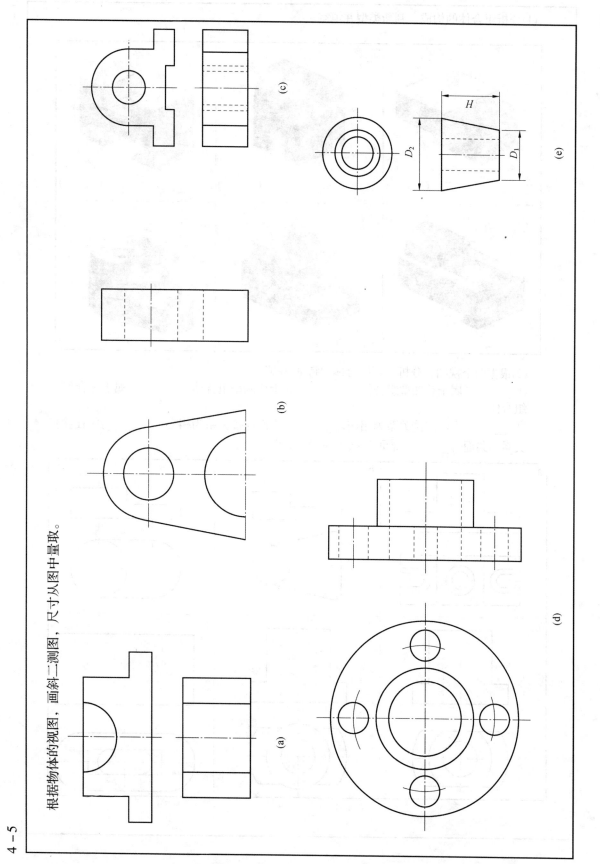

4－5　根据物体的视图，画斜二测图，尺寸从图中量取。

(a)　(b)　(c)　(d)　(e)

29

(1)分析组合体的构成，判断类型并填空。

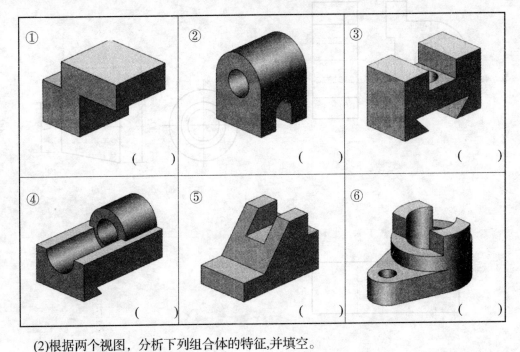

(2)根据两个视图，分析下列组合体的特征，并填空。

① _____属于叠加型组合体，_____属于切割型组合体，_____属于综合型组合体。

② _____表面连接关系为相切，_____表面连接关系为相交，_____表面连接关系为共面，_____表面连接关系为不共面。

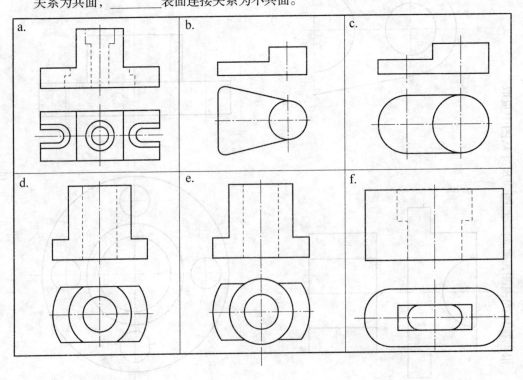

5 – 1

(3)根据立体图画三视图，尺寸从图中量出，取整数。

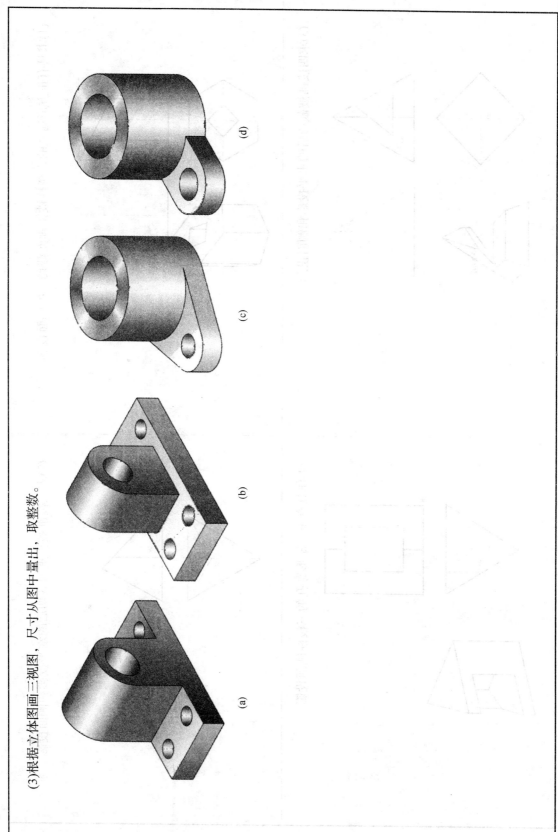

(a)　　　　　(b)　　　　　(c)　　　　　(d)

(1)求具有正方形通孔的六棱柱被正垂面截切后的侧面投影。

(2)求三棱锥被正垂面截切后的水平投影和侧面投影。

(3)求四棱锥被截切后的水平投影和侧面投影。

(4)作具有正垂矩形穿孔的三棱柱侧面投影。

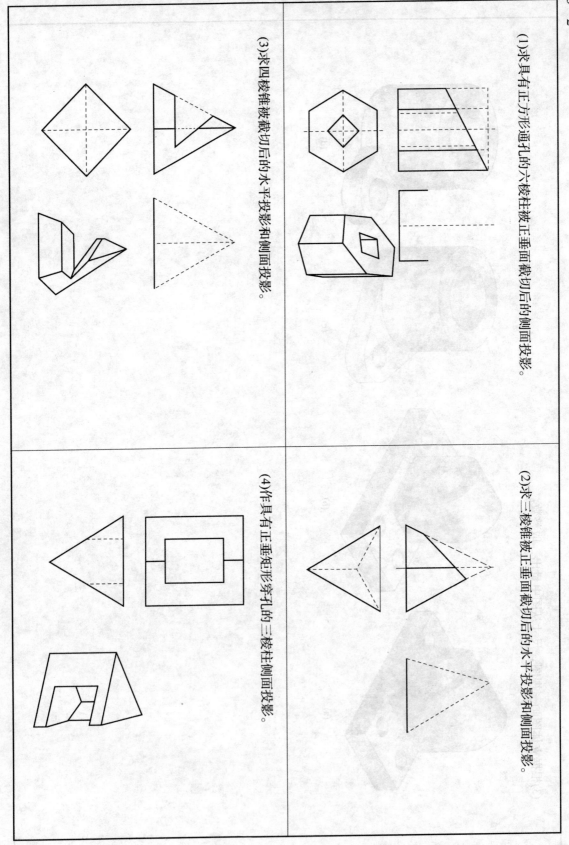

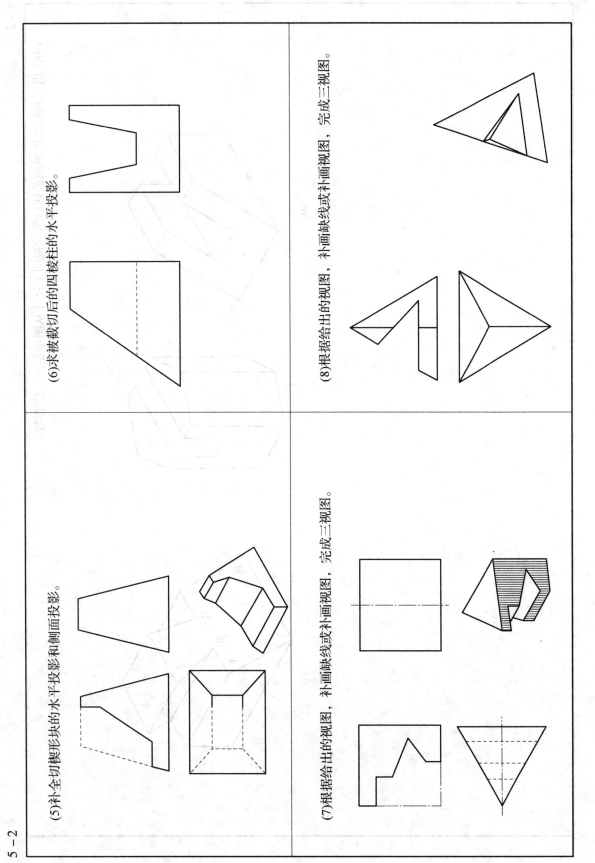

(6)求被截切后的四棱柱的水平投影。

(8)根据给出的视图，补画缺线或补画视图，完成三视图。

(5)补全切割形块的水平投影和侧面投影。

(7)根据给出的视图，补画缺线或补画视图，完成三视图。

5-2

(9)作出下列物体被平面截切后的三视图（尺寸从图中量出，取整数）。

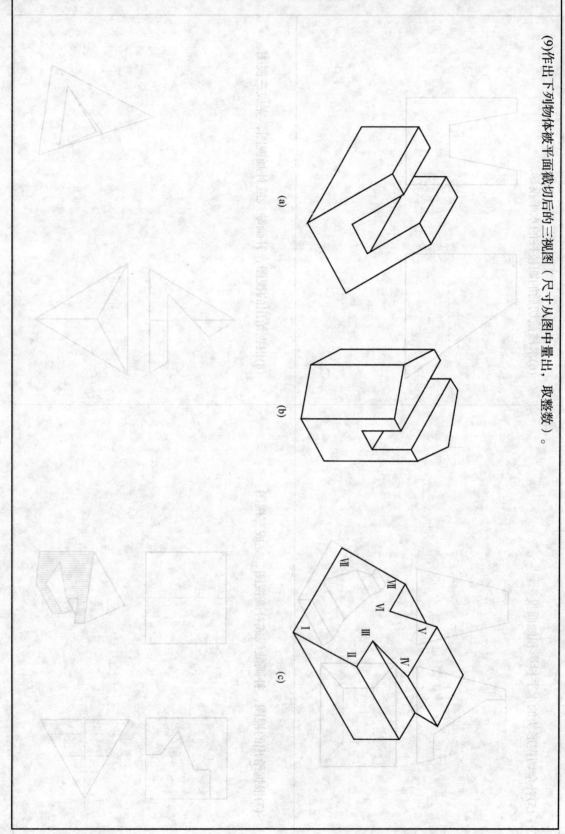

(a)

(b)

(c)

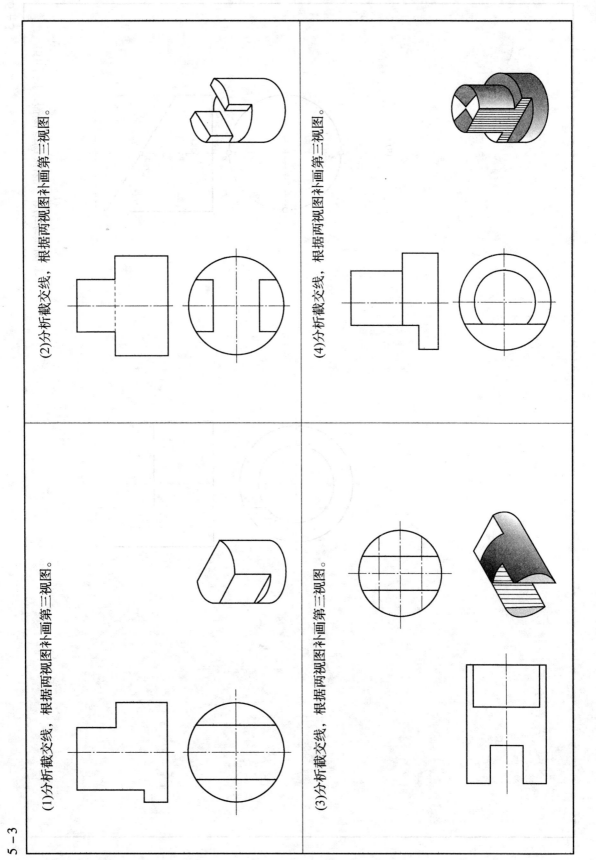

5 - 3

(1)分析截交线，根据两视图补画第三视图。

(2)分析截交线，根据两视图补画第三视图。

(3)分析截交线，根据两视图补画第三视图。

(4)分析截交线，根据两视图补画第三视图。

(5)已知主视图和俯视图，求作左视图。

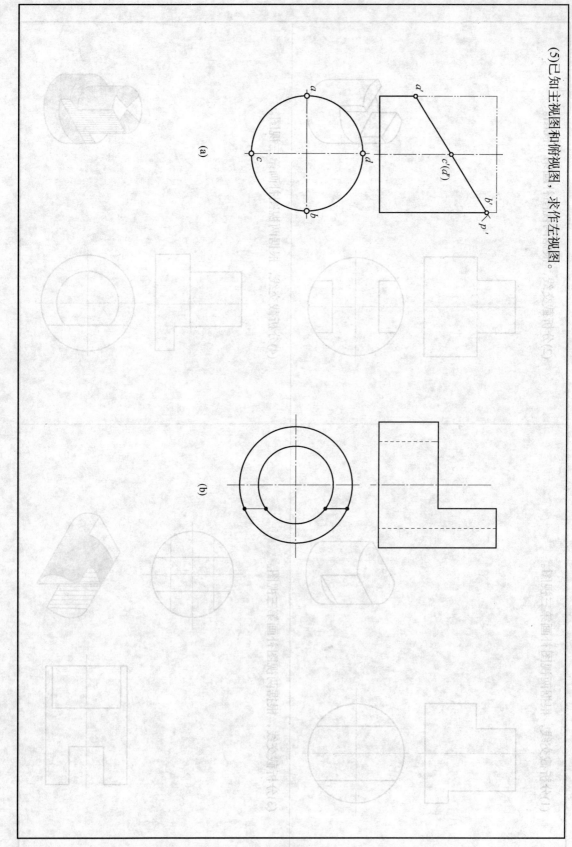

(a)

(b)

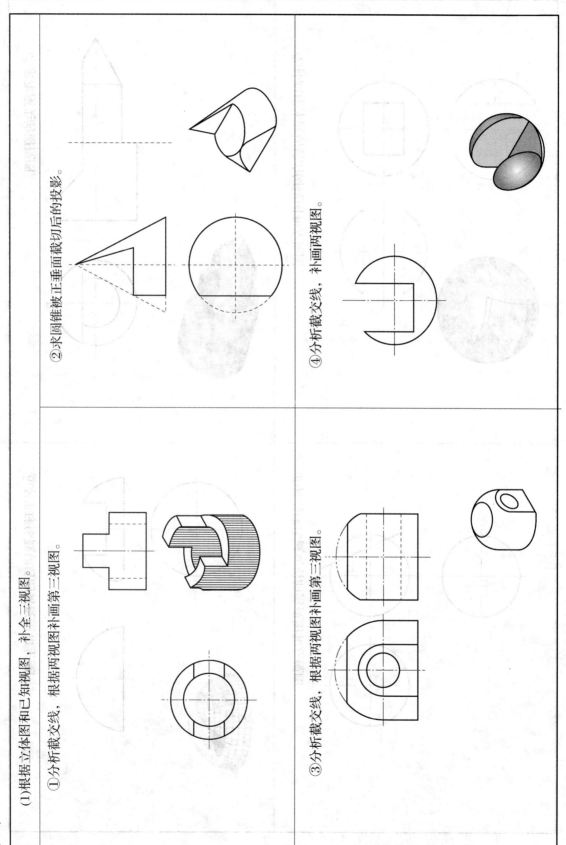

(1)根据立体图和已知视图，补全三视图。

①分析截交线，根据两视图补画第三视图。

②求圆锥被正垂面截切后的投影。

③分析截交线，根据两视图补画第三视图。

④分析截交线，补画两视图。

5－4

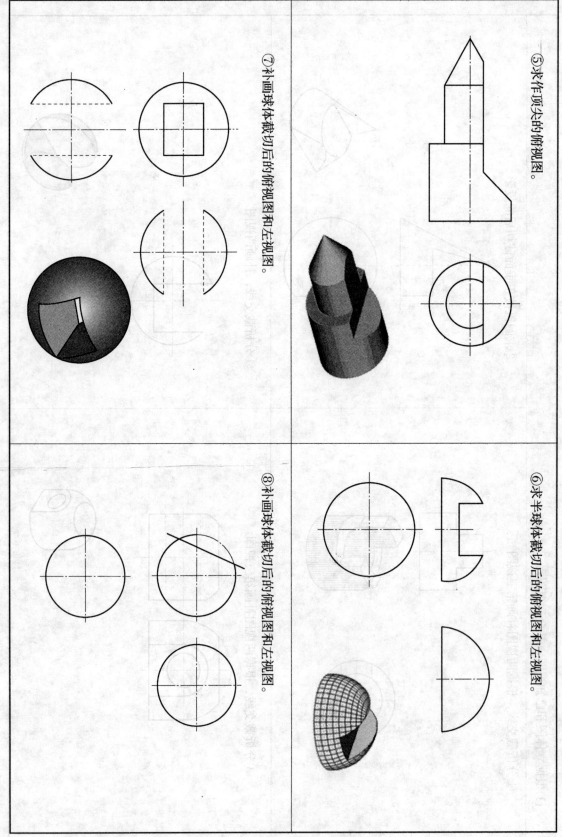

⑤求作顶尖的俯视图。

⑥求半球体截切后的俯视图和左视图。

⑦补画球体截切后的俯视图和左视图。

⑧补画球体截切后的俯视图和右视图。

(2)补全三视图。

5 - 4

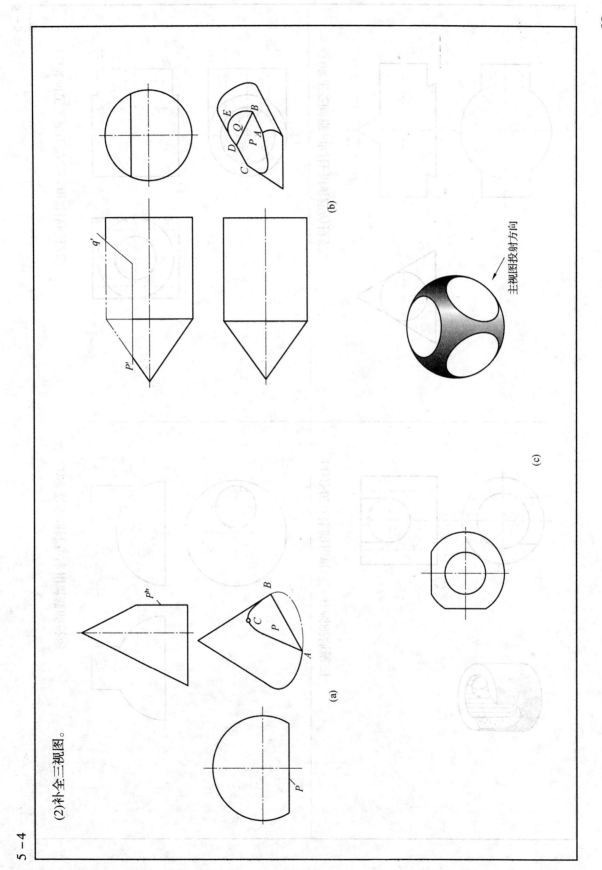

(a)

(b)

(c)

主视图投射方向

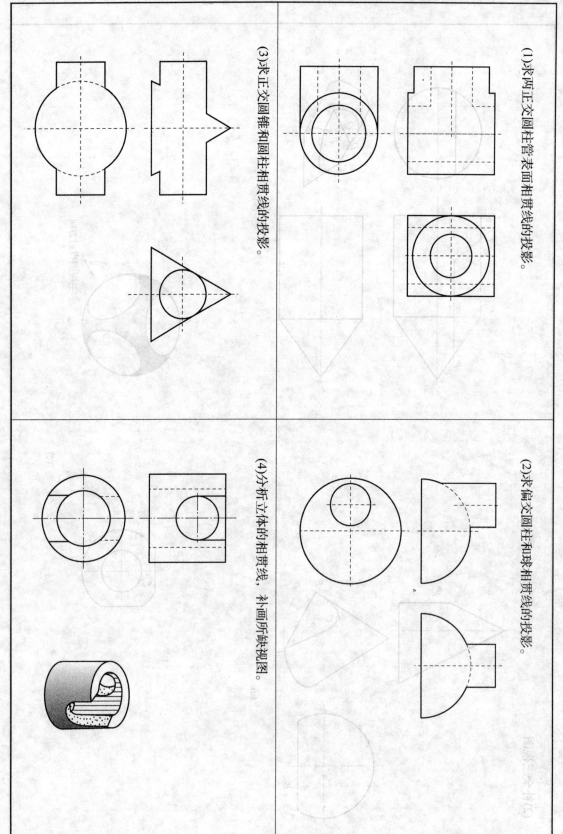

(1)求两正交圆柱管表面相贯线的投影。

(2)求偏交圆柱和球相贯线的投影。

(3)求正交圆锥和圆柱相贯线的投影。

(4)分析立体的相贯线，补画所缺视图。

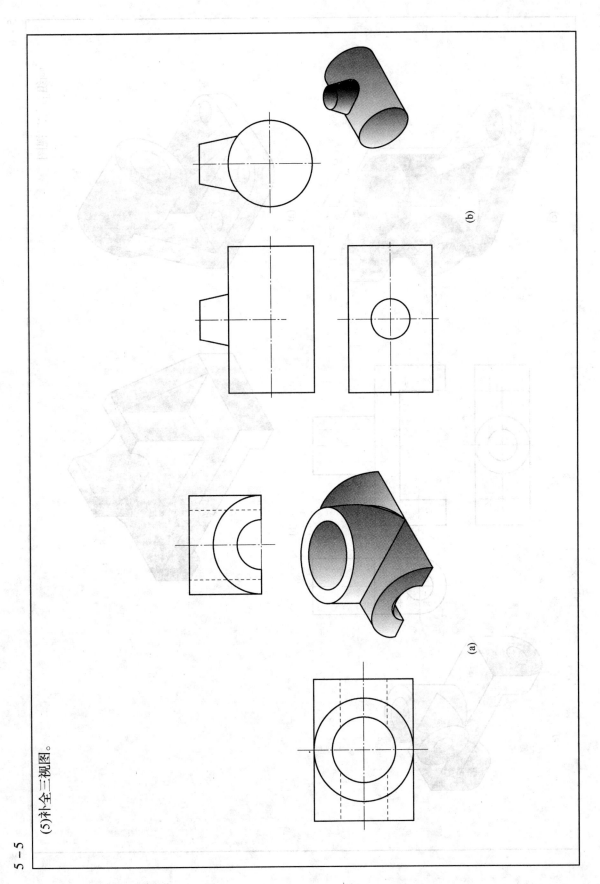

5-5

(5)补全三视图。

(a)

(b)

画组合体三视图。

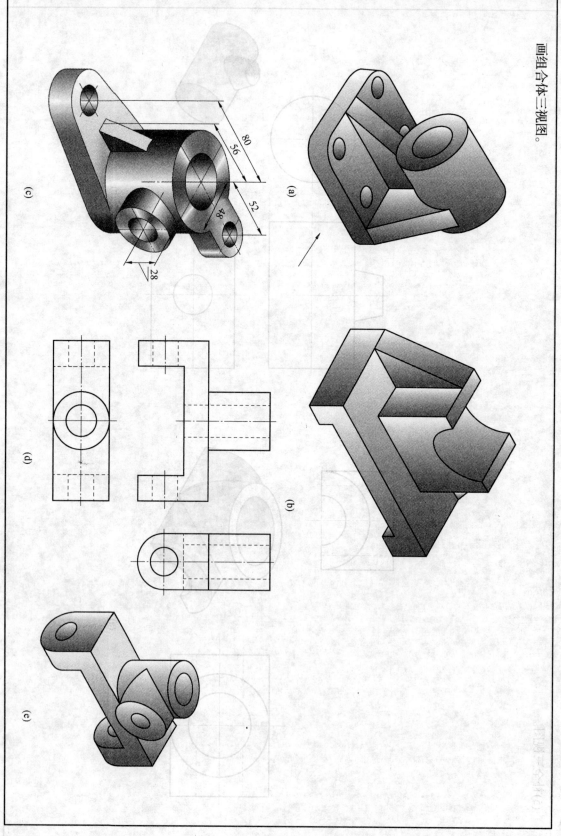

5 -7

(1)在视图中标注尺寸。

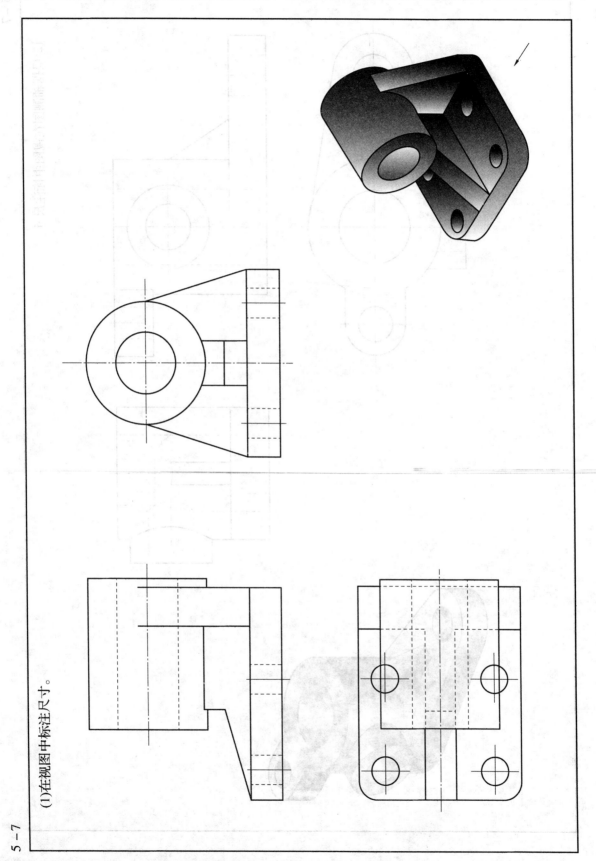

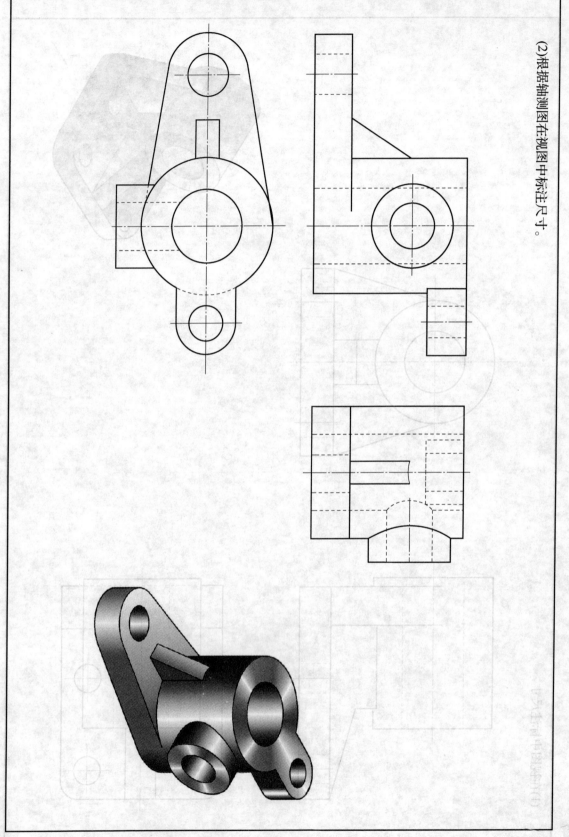

(2)根据轴测图在视图中标注尺寸。

44

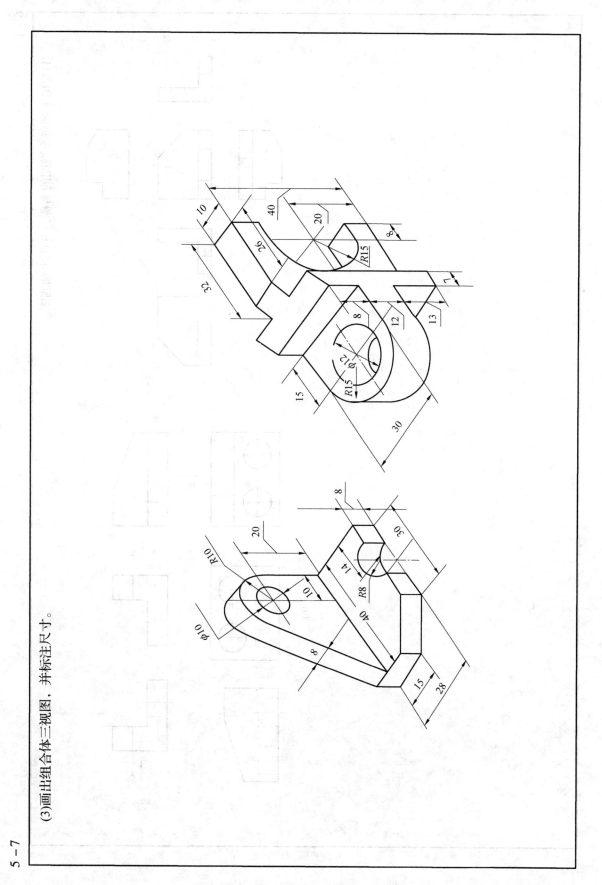

（3）画出组合体三视图，并标注尺寸。

5－7

45

(1)写出下列每个视图的名称，并画出轴测图。

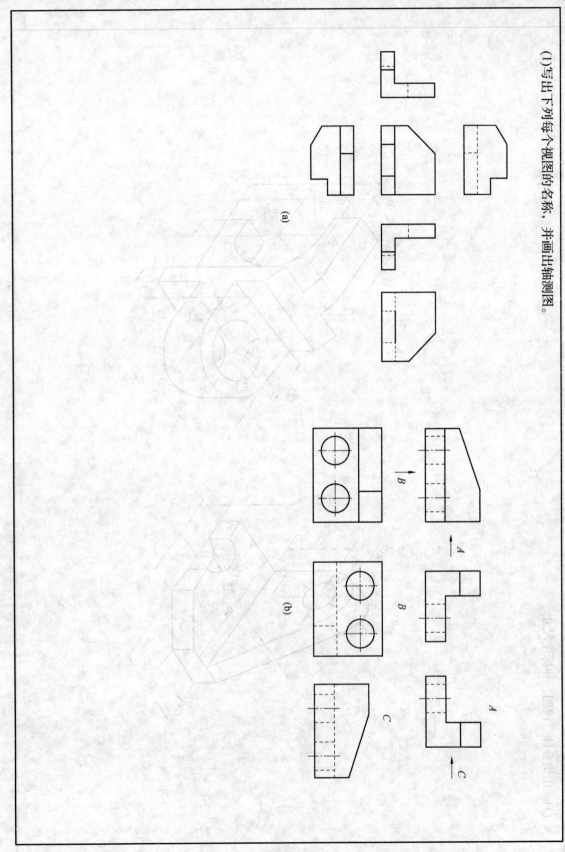

(a)

(b)

6 − 1

(2)根据立体图，作六个基本视图，可按向视图进行配置(尺寸从图中量取，取整数)。

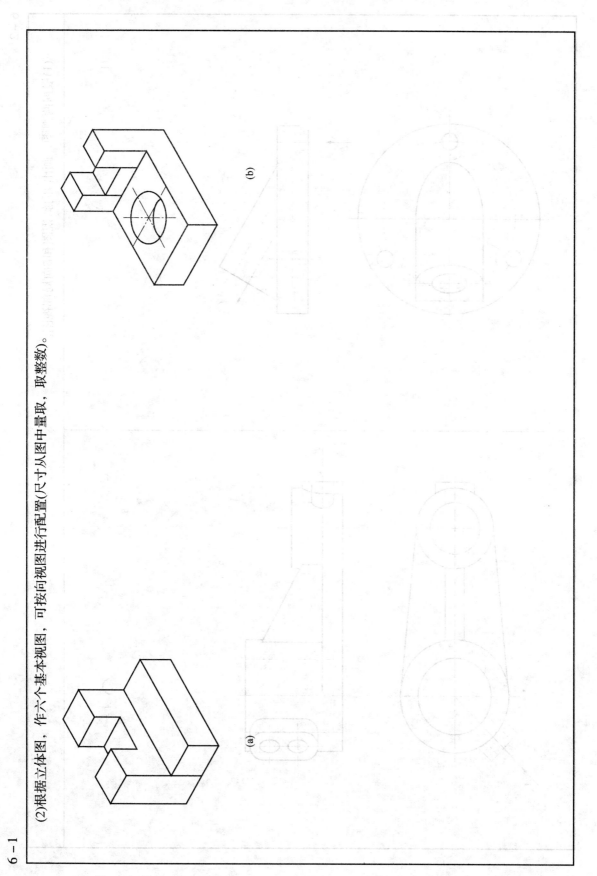

(a)

(b)

47

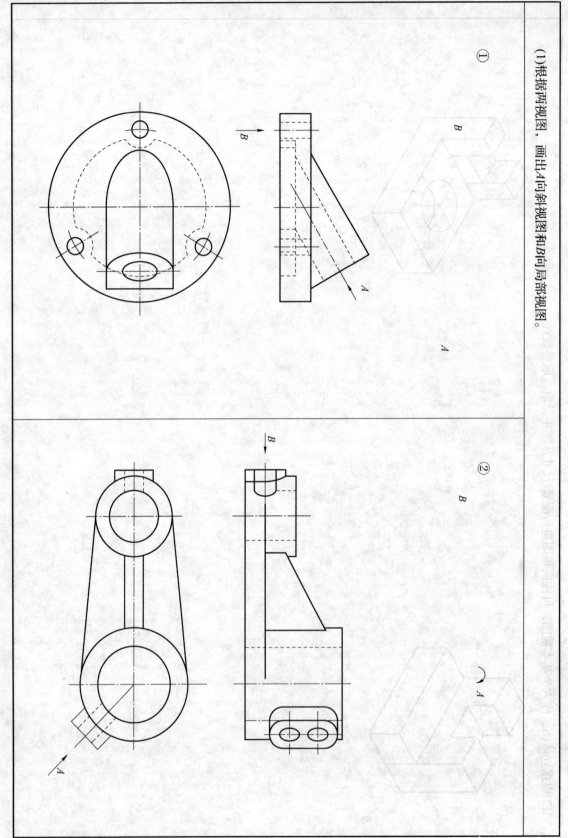

(1)根据两视图，画出A向斜视图和B向局部视图。

① ②

(2)画出指定投射方向的斜视图。

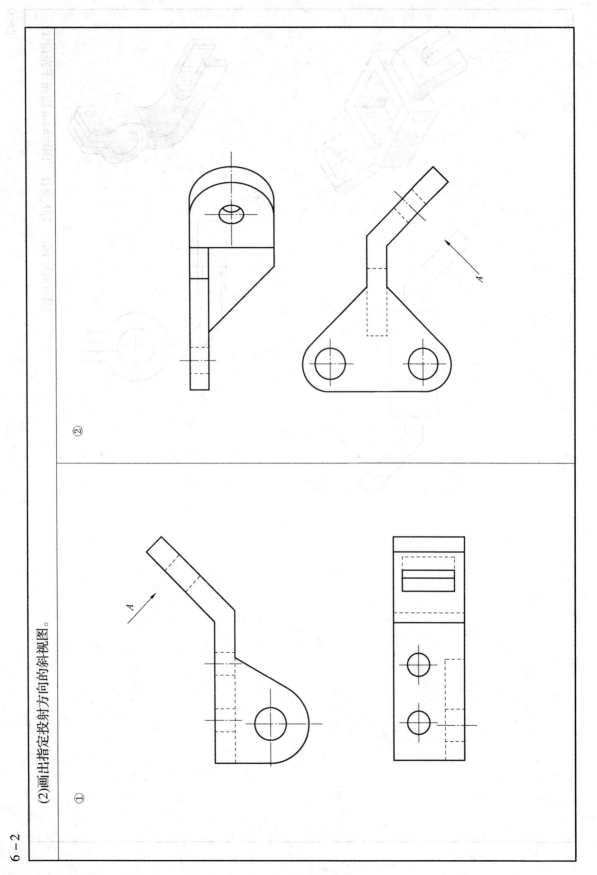

① ②

(3)根据主视图和轴测图，补画A向、B向局部视图。

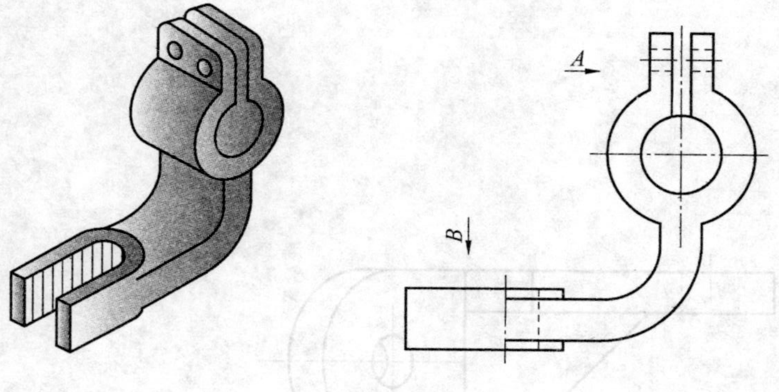

(a)

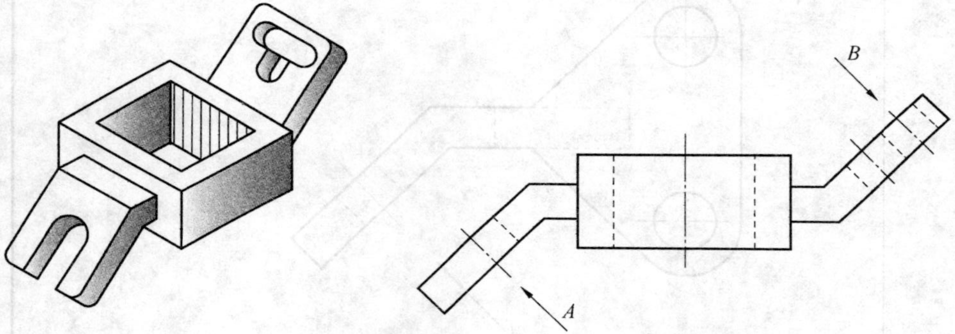

(b)

7 – 1

(1)在原图上改正下列剖视图中的错误。

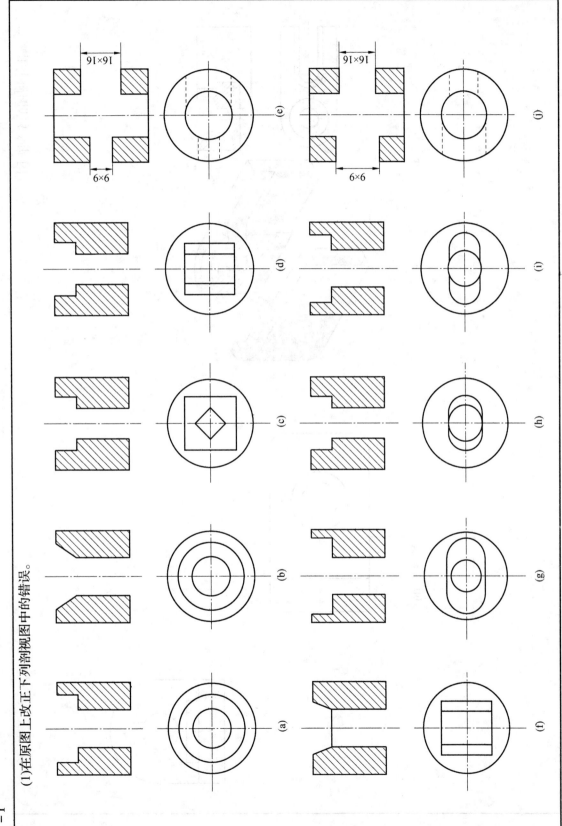

(a) (b) (c) (d) (e)

(f) (g) (h) (i) (j)

16×16 6×6

16×16 6×6

(2)画出主视图的全剖视图。

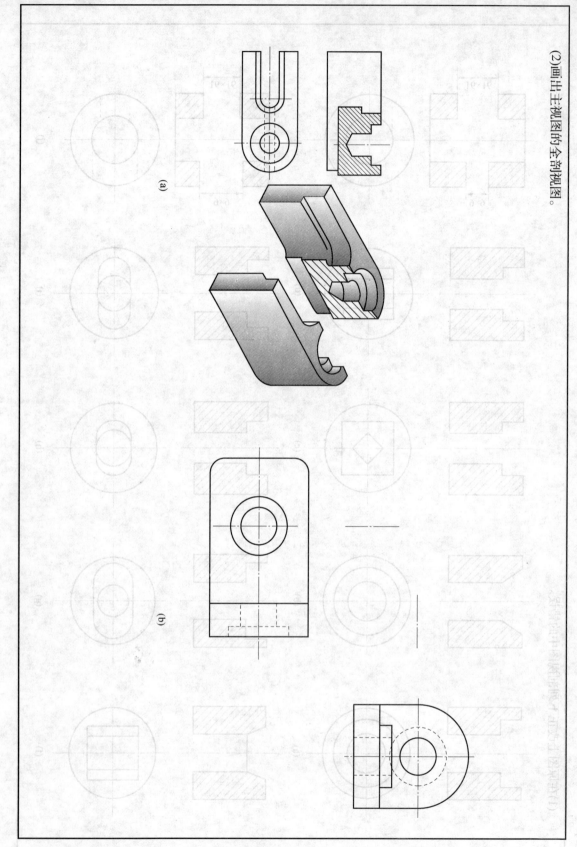

(a)

(b)

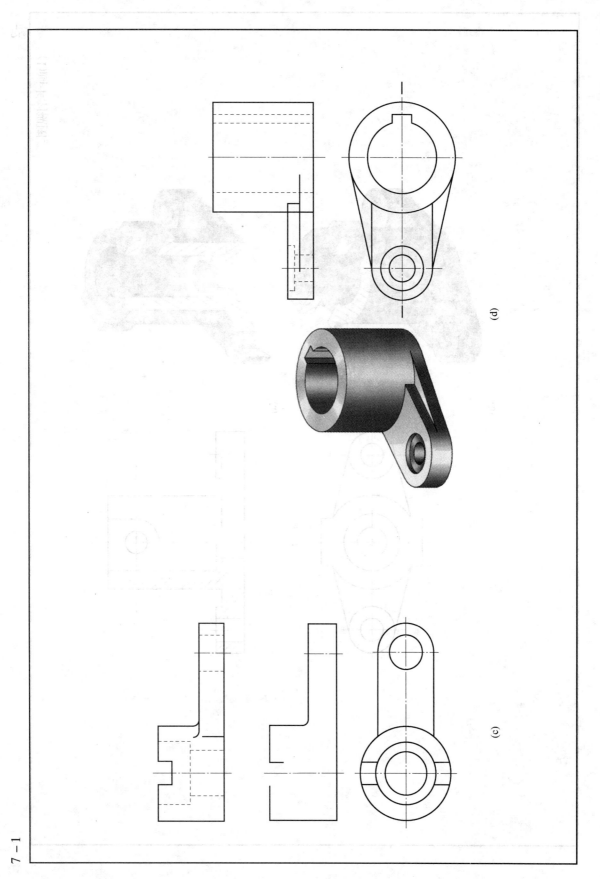

(d)

(c)

7 − 1

（1）画半剖视图。

(b)

(a)

A—A

A——A

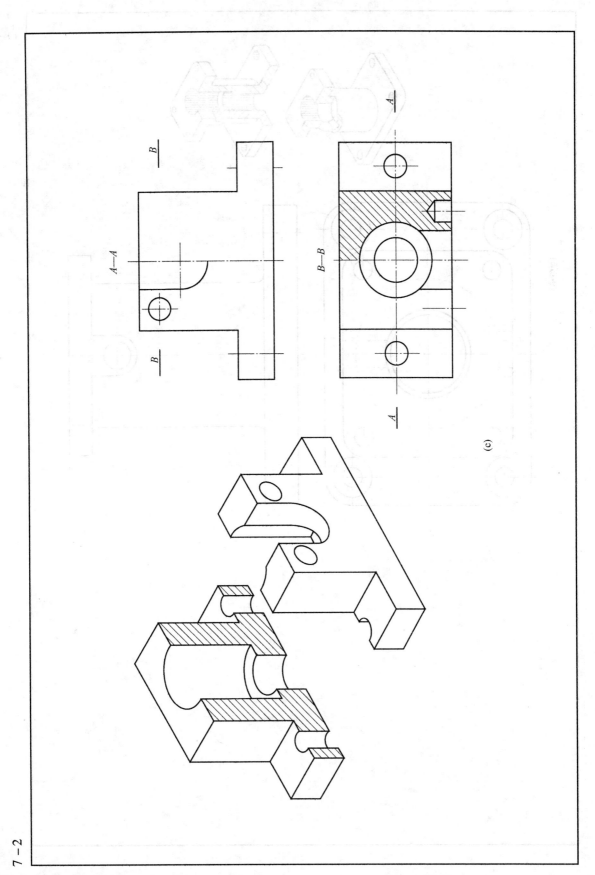

A—A

B—B

A

B

A

B

(c)

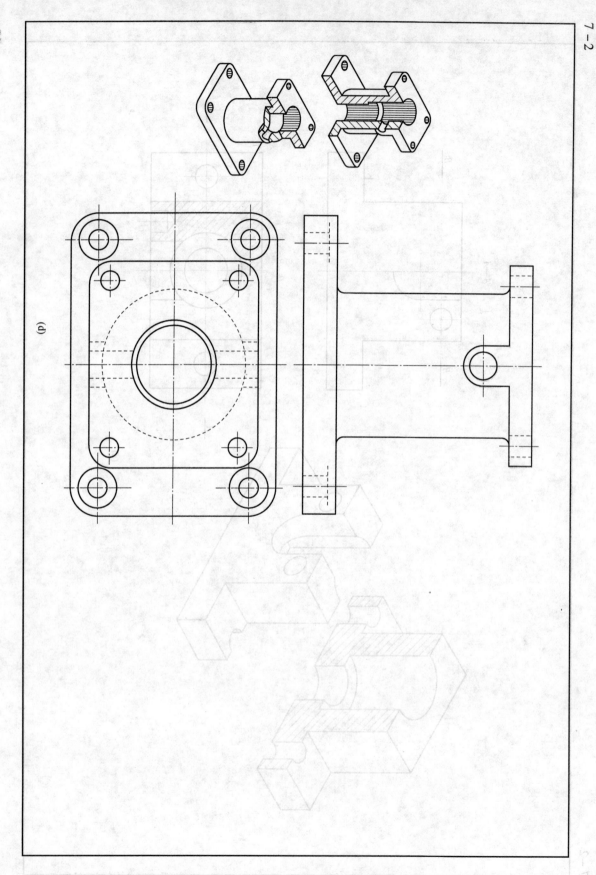

(d)

7 – 2

(2)画全剖视图。

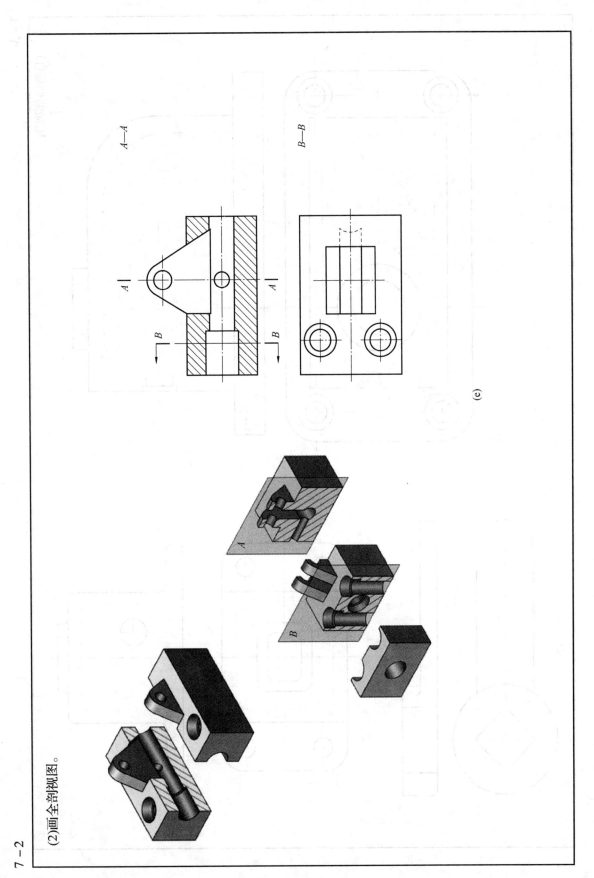

A—A

B—B

(e)

（1）画局部视图。

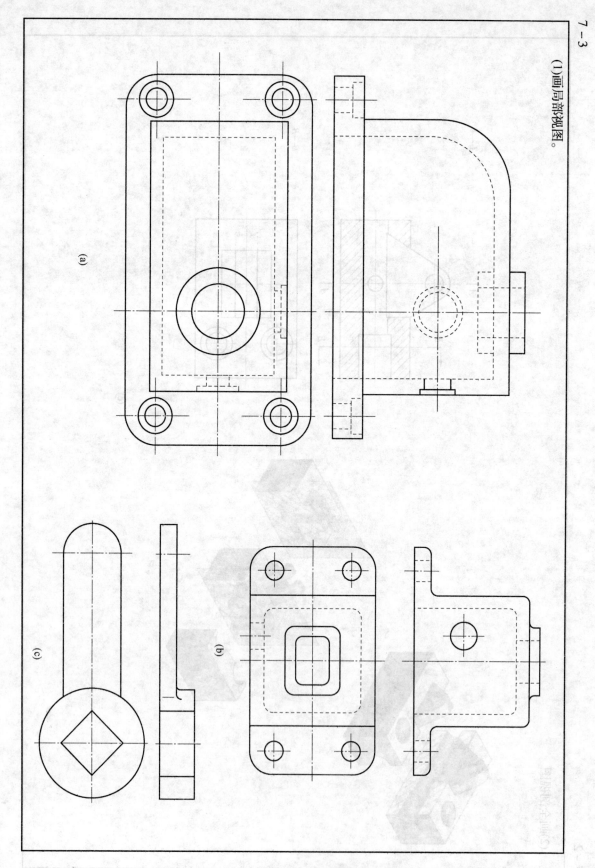

（a）

（b）

（c）

7 – 3

(2)改正下列局部视图。

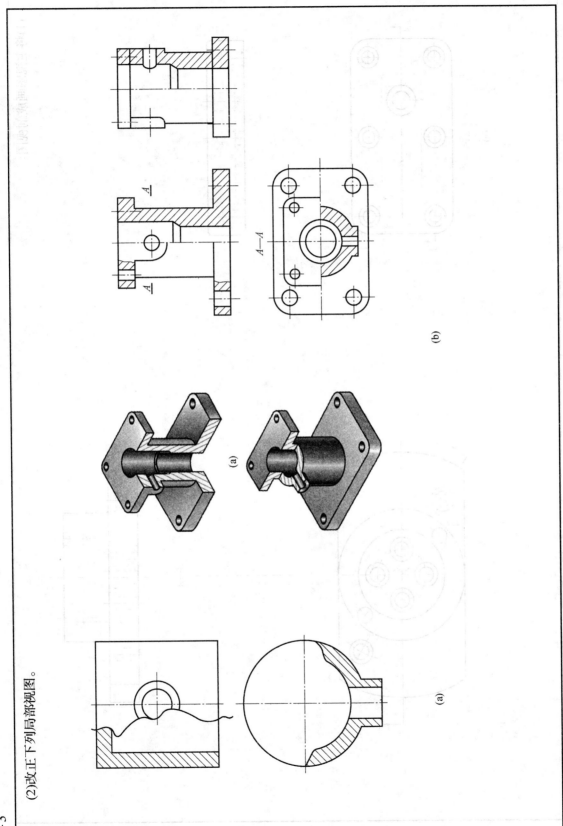

(a)

(b)

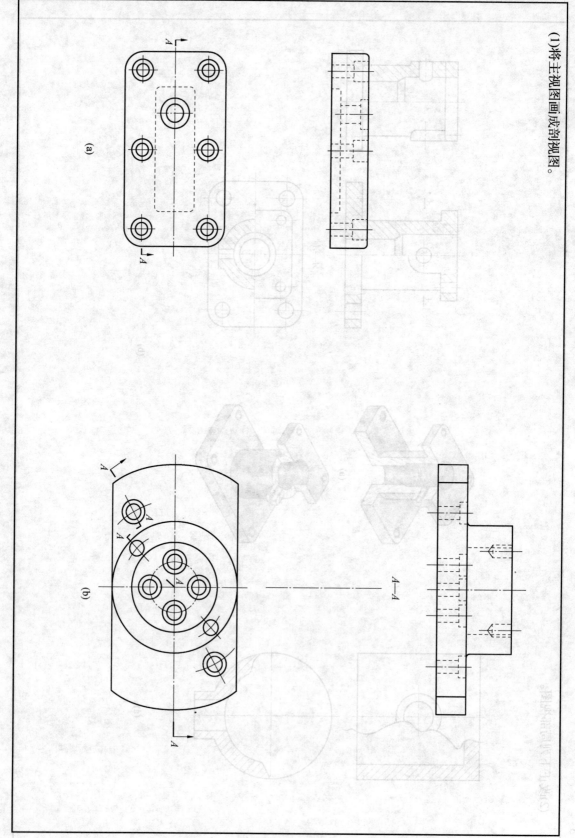

(1)将主视图画成剖视图。

(a)

(b)

A—A

(2)改画剖视图。

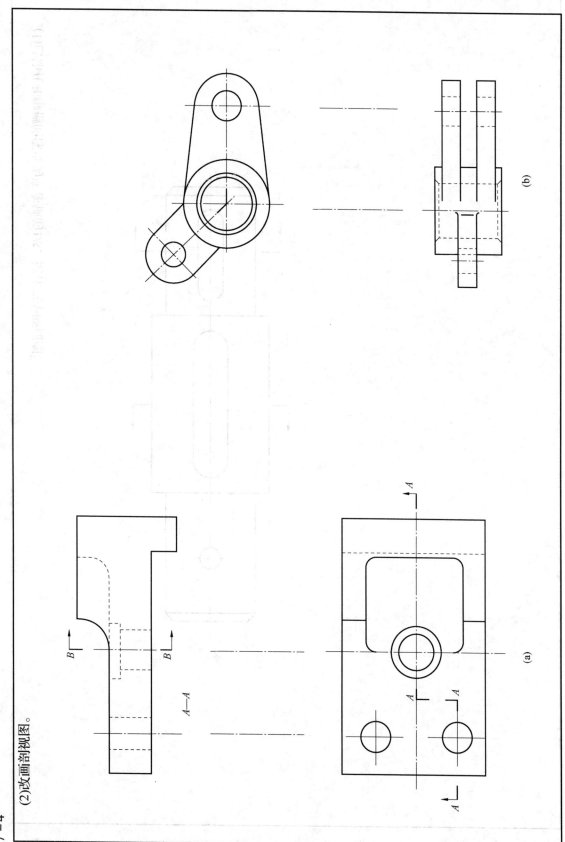

(a)

(b)

(1)已知孔和键槽的深度为所在轴的1/5，请作三个断面图。

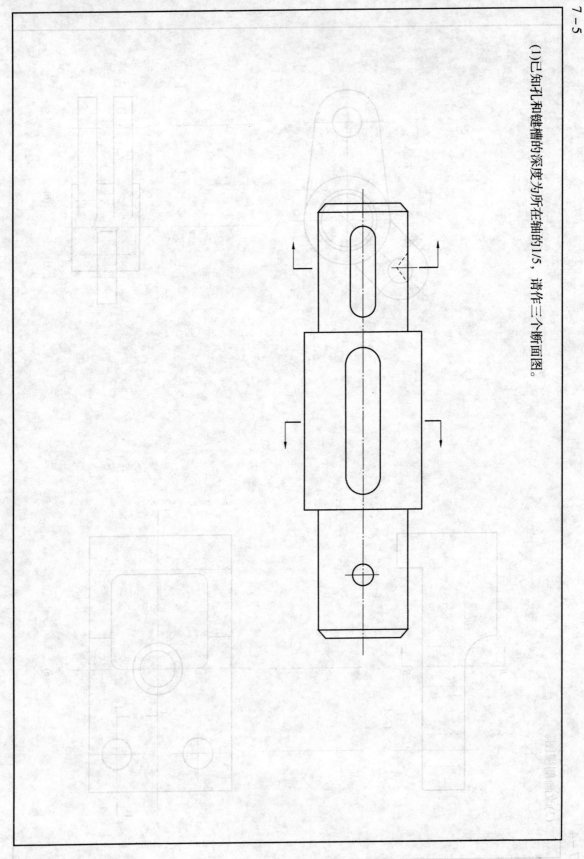

7 – 5

(2)按图中尺寸作三个断面图（B处为通孔）。

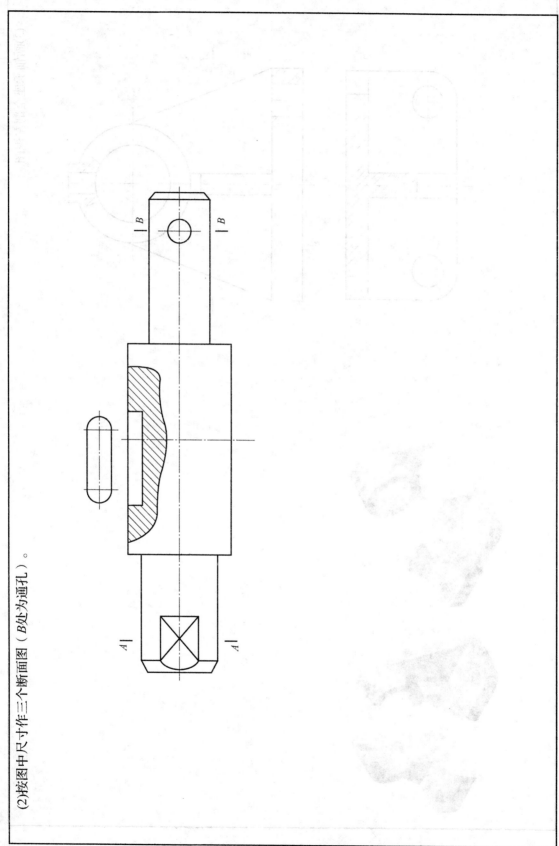

（3）画轴承座全剖左视图。

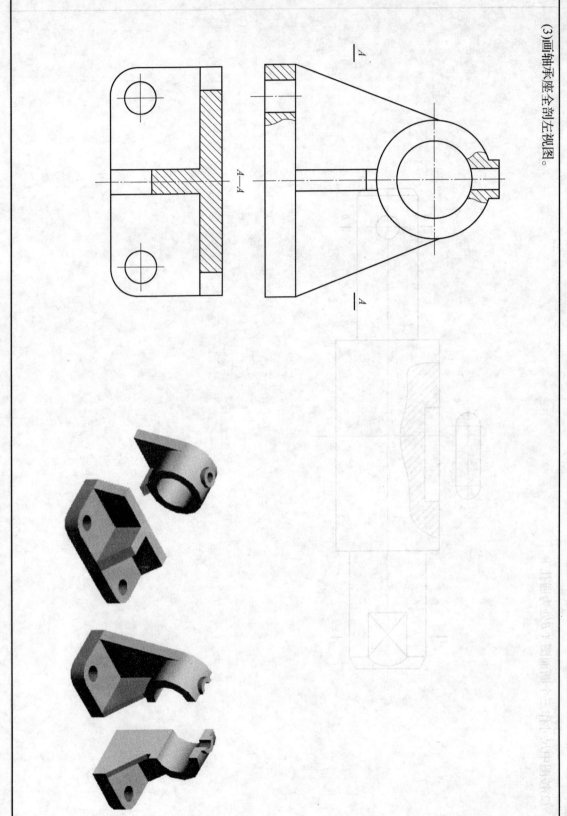

A—A

8-1

(1)将螺纹画法错误之处改正过来。

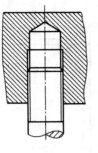

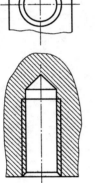

(a)

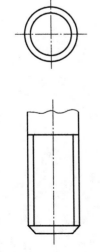

(b)

(c)

(2)根据下列给定的螺纹要素，标注螺纹的标记或代号。

①粗牙普通螺纹，公称直径为24 mm，螺距为3 mm，单线，右旋，螺纹公差带：中径、小径均为6H，旋合长度属于短的一组。

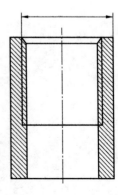

② 细牙普通螺纹，公称直径为30 mm，螺距为2 mm，单线，右旋，螺纹公差带：中径为5g，小径为6g，旋合长度属于中等的一组。

(3) 解释下列信息的含义。

① 螺柱GB/T 898—1988 M16×40。

② 螺母GB/T 6170—2000 M16。

③ 垫圈GB/T 97.1—2002 16。

8—2

(1) 已知直齿圆柱齿轮的主动轮 $m=3$，$z=14$，孔径为18，从动轮 $z=30$，孔径为18，两轮宽度相等，两轮中心距为66，画出两轮啮合两视图。

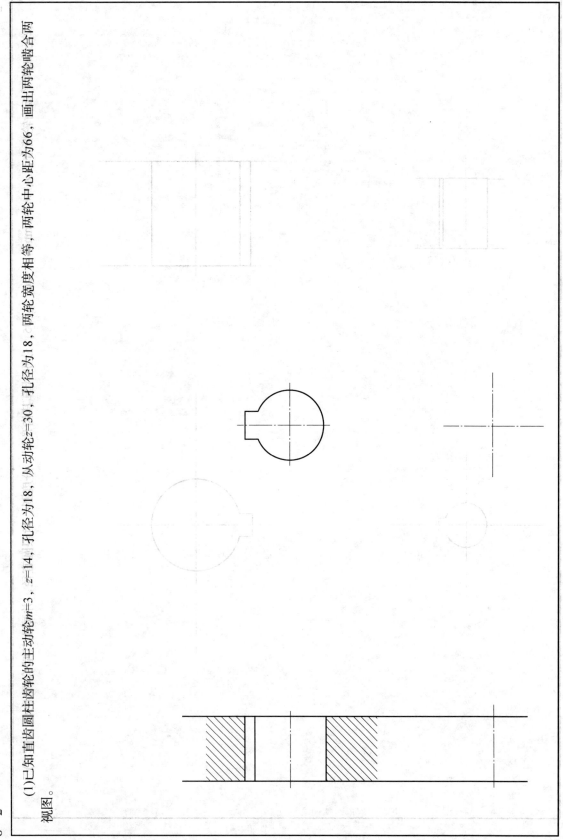

(2)已知两平板齿轮啮合，$m_1=m_2=4$ mm，$z_1=20$，$z_2=35$，分别计算其齿顶圆、分度圆、齿根圆直径，并画出其啮合图(比例为1：2)。

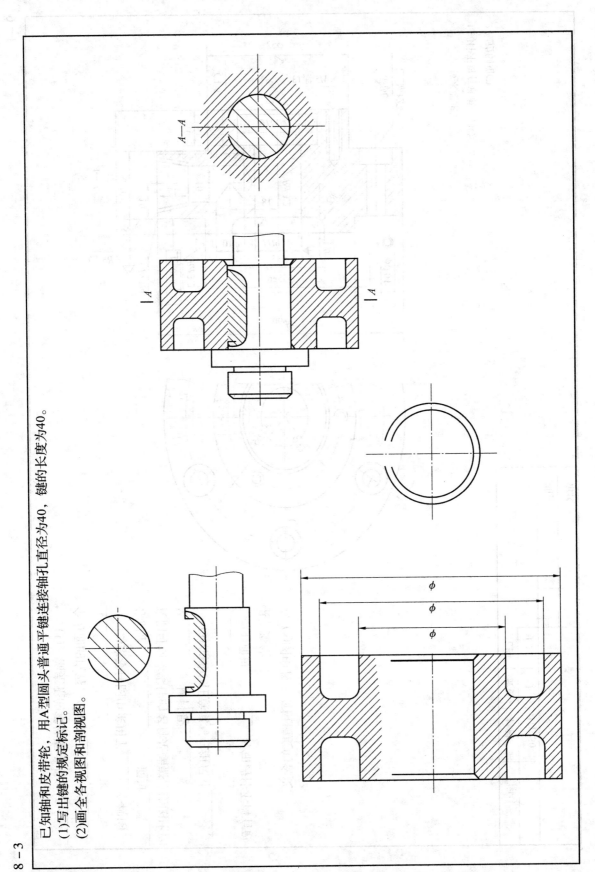

已知轴和皮带轮，用A型圆头普通平键连接轴连接轴孔直径为40，键的长度为40。

(1)写出键的规定标记。

(2)画全各视图和剖视图。

A—A

ϕ

ϕ

ϕ

8 — 3

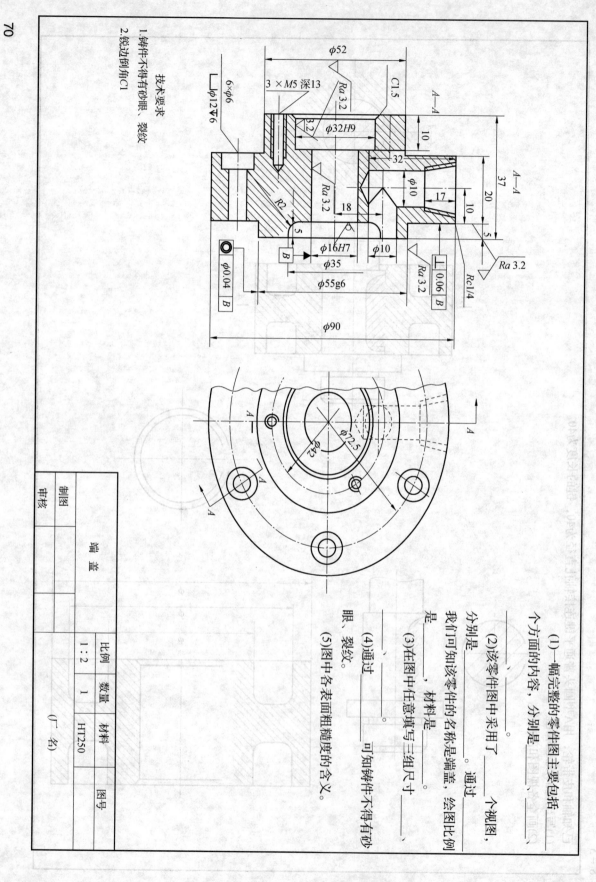

技术要求
1.铸件不得有砂眼，裂纹。
2.锐边倒圆角C1

A—A

ϕ52

C1.5

$Ra\,3.2$

3 × M5 深13

3.2

ϕ32H9

6 × ϕ6

⌴ ϕ12▽6

R2

$Ra\,3.2$

18

ϕ10

$Ra\,3.2$

B

ϕ16H7

ϕ35

ϕ55g6

ϕ90

⌀ ϕ0.04 B

5

ϕ10

⊥ 0.06 B

$Ra\,3.2$

Rc1/4

10

32

ϕ10

17

10

20

37

5

$Ra\,3.2$

ϕ72.5

ϕ42

A—A

A

A

（1）一幅完整的零件图主要包括
个方面的内容，分别是_____、_____、_____、_____（）。

（2）该零件图中采用了_____个视图，
分别是_____。

我们可知该零件的名称是端盖，绘图比例
是_____，材料是_____。

（3）在图中任意填写三组尺寸。

（4）通过_____，可知铸件不得有砂
眼，裂纹。

（5）图中各表面粗糙度的含义。

端盖			
比例	数量	材料	图号
1：2	1	HT250	
制图			（厂名）
审核			

(2)识读下图表面粗糙度的含义。

9 - 1

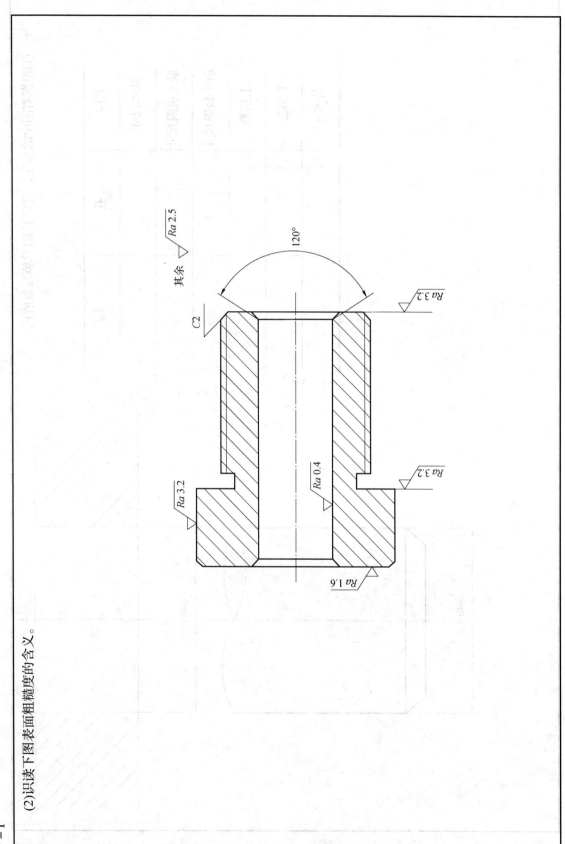

(1)根据右图中的标注，填写下表(只填写数值)。

名称	孔	轴
基本尺寸		
最大极限尺寸		
最小极限尺寸		
上偏差		
下偏差		
公差		

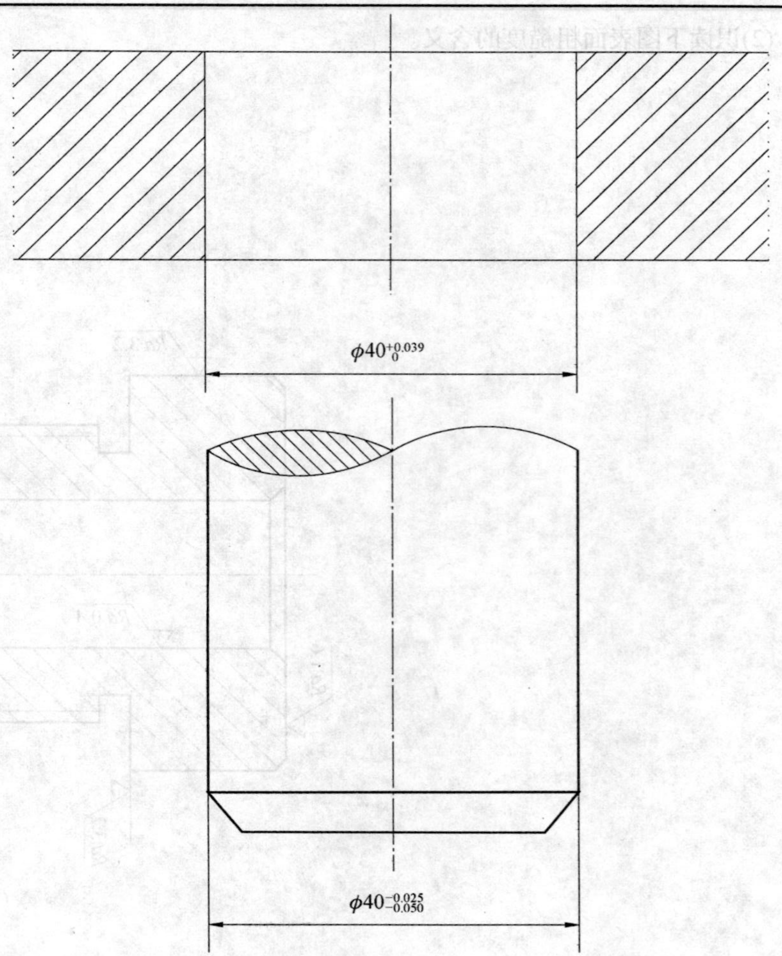

$\phi 40^{+0.039}_{0}$

$\phi 40^{-0.025}_{-0.056}$

(2) 填空。

① 基孔制配合的孔称为_____，代号为_____，上偏差为_____，下偏差为_____。

② 基轴制配合的孔称为_____，代号为_____，上偏差为_____，下偏差为_____。

③ 已知基孔制配合的轴，上偏差为 -0.025，下偏差为 -0.050，则轴、孔为_____配合。通常，孔比相配合的轴的公差等级低一级，故可判定配合代号为_____（公称尺寸查表自选）。查表：轴的基本偏差代号为_____，标_____最小极限尺寸等于_____。

④ 已知基轴制配合的孔，上偏差为 +0.004，下偏差为 -0.015，则孔、轴为_____配合。通常，轴比相配合的孔的公差等级高一级，故可判定配合代号为_____（公称尺寸查表自选）。查表：孔的基本偏差代号为_____，标_____最小极限尺寸等于_____。

(3) 指出右图中配合代号的含义。

$\phi 8 \dfrac{H7}{h6}$ 基本尺寸_____；基准制_____；配合类型_____；公差等级：孔_____，轴_____

_____；孔上偏差_____，下偏差_____；轴上偏差_____，下偏差_____。

$\phi 15 \dfrac{H7}{S6}$ 基本尺寸_____；基准制_____；配合类型_____；公差等级：孔_____，轴_____

_____；孔上偏差_____，下偏差_____；轴上偏差_____，下偏差_____。

$\phi 8 \dfrac{H7}{h6}$

$\phi 15 \dfrac{H7}{S6}$

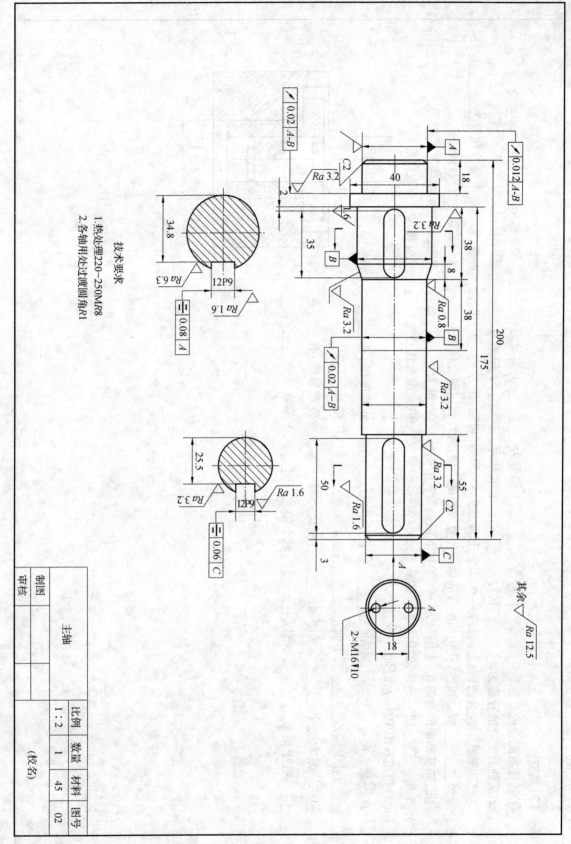

其余 ∇ Ra 12.5

技术要求
1. 热处理220—250MR8
2. 各轴用处过渡圆角R1

		比例	数量	材料	图号
	主轴	1:2	1	45	02
制图					
审核					
	(校名)				

9 - 3

①零件名称：_____，材料：_____，比例：_____。

②轴用_____个视图表示，各视图的名称是_____。

③轴上两个键槽的宽度分别为_____和_____，表示深度的尺寸为_____和_____，长度方向的定位尺寸为_____和_____。

④尺寸 $\phi 35^{+0.025}_{+0.009}$ 的最大极限尺寸为_____，最小极限尺寸为_____，公差为_____。

⑤在轴的加工表面中，要求最光洁的表面的表面粗糙度代号是_____，这种表面有_____处。

⑥图中有_____处形位公差代号，解释 $\boxed{\angle\ 0.02\ A-B}$ 的含义：被测要素是_____，基准要素是_____，公差项目是_____，公差值_____。

⑦轴两端注出的 C2 表示_____结构，其宽度为_____，角度为_____。

(2)识读泵盖零件图。

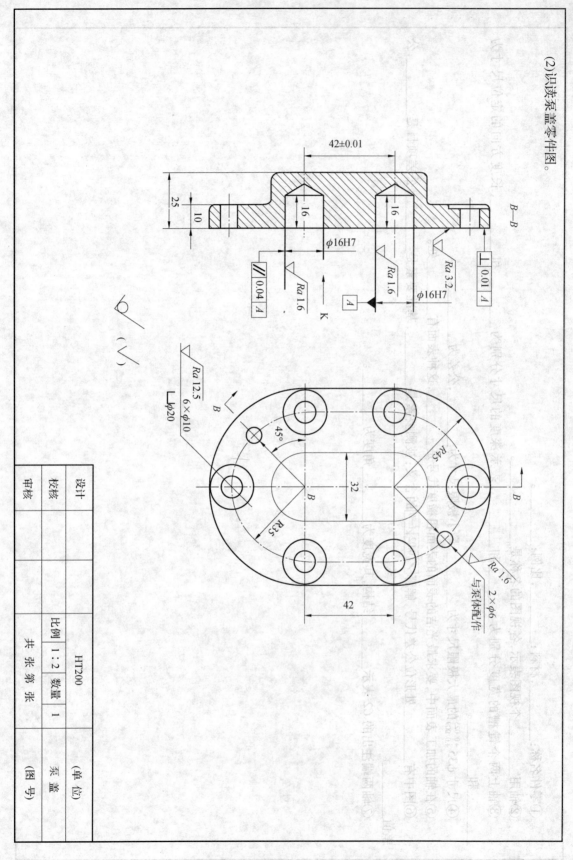

设计		HT200		(单位)	
校核		比例	1:2	数量	1
审核					泵盖
		共 张 第 张			(图号)

9 - 3

①零件名称：_____，材料：_____，比例：_____。

②泵盖用_____个视图表示，各视图的名称及剖切方法是_____。

③在图上用指引线指出零件长、宽、高方向的尺寸基准。

④该零件有销孔_____个，尺寸是_____；沉孔_____个，尺寸是_____；不通孔_____个。

⑤图中有_____处公差带代号，16H7 的含义为_____。

⑥图中尺寸 6 × φ10 表示_____。

⑦泵盖左端面的表面粗糙度代号为_____，右端面的表面粗糙度代号为_____，要求最光洁的表面其粗糙度代号为_____。

⑧图中有_____处形位公差代号，解释 // 0.04 A 的含义：被测要素是_____，基准要素是_____，公差项目是_____，公差值_____。

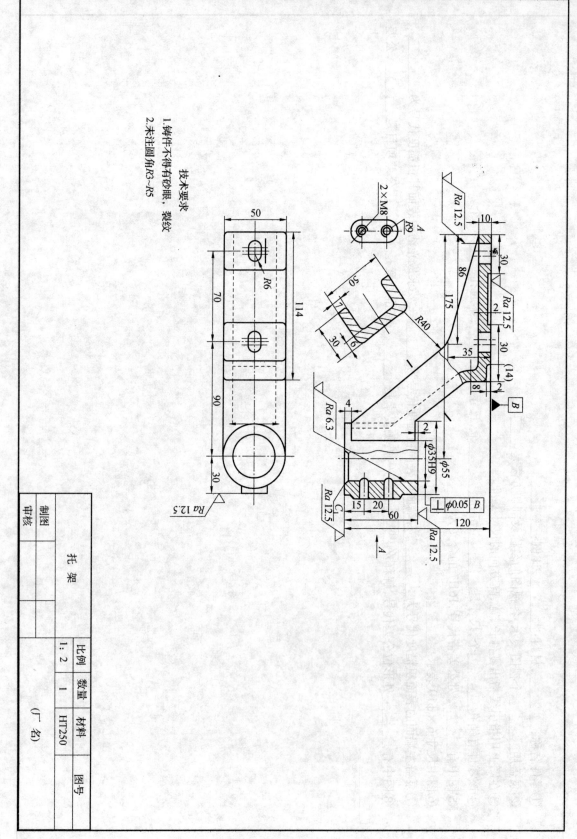

技术要求
1. 铸件不得有砂眼、裂纹
2. 未注圆角R3～R5

制图		托 架	比例	数量	材料	
审核			1：2	1	HT250	
						图号
		（厂名）				

2×M8

Ra 12.5
Ra 12.5
Ra 12.5
Ra 6.3
Ra 12.5
Ra 12.5

9-3

（3）识读托架零件图。

①零件所用的四个视图分别是_____、_____、_____、_____。

②零件的定位尺寸是_____。

③零件的主要尺寸基准：长度方向为_____，高度方向_____，宽度方向_____。

④零件图中采用了_____剖和_____剖，目的是为了表达_____。

⑤主、俯视图间的哪个图形用细点画线与主视图相连，该条细点画线与主视图应称为_____线。

（4）读减速器箱盖零件图。

①箱体零件共有_____个图形表达。主视图上有_____处局部剖，C—C 和 D—D 局部视图表示_____个 φ_____的沉孔内部结构，C—C 剖视图中的小圆是_____孔的位置。

②箱体零件图有_____处尺寸注有极限偏差数值，说明它们与其他零件有_____关系，其中表面粗糙度要求最高，为 Ra 的上限值_____μm。

③为增加上下两部分的强度，中部设有_____条加强肋，在左视图上用_____图表达。

④右壁下部 M10（放油孔）左边凹坑的尺寸：长_____，宽_____，深_____。

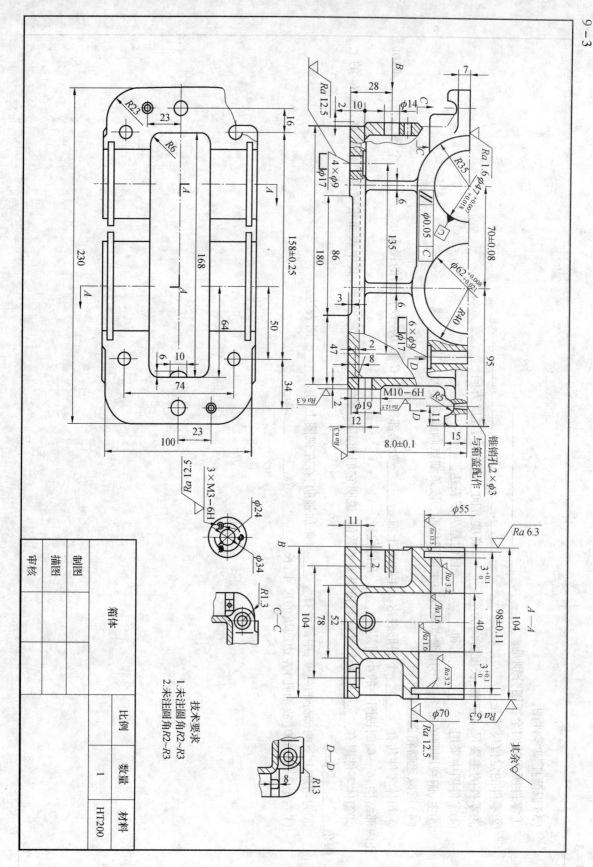

技术要求
1. 未注圆角R2~R3
2. 未注圆角R2~R3

箱体		比例	1	材料	HT200
		数量			
制图					
描图					
审核					

9—3

读柱塞泵装配图。

（1）柱塞5与衬套8是 _____ 制的 _____ 配合；衬套8与泵体1是 _____ 制的 _____ 配合。

（2）当柱塞5向左移动时，泵体1的内腔压力下降低，在大气压力的作用下，油从油箱压入进油管，并推开 _____ ，进入泵体内腔；当柱塞5向右移动时，_____ 受压关闭，内腔油压升高，顶开 _____ ，进入 _____ 上部，油从后面出口面流出，经出油管通向用油设备。

（3）填料压盖6和泵体1用 _____ 连接；起 _____ 作用。

（4）衬套8起 _____ 作用。

（5）填料7和垫圈10分别用 _____ 和 _____ 材料制成，它们起 _____ 作用。

（6）阀体9和泵体1是 _____ 连接，G3/4/G3/4A 的含义是 _____ 。

（7）主、俯视图上的 φ15和 φ14孔起 _____ 作用。

（8）盖螺母11与阀体9是 _____ 连接，M39×2表示 _____ 。

柱塞泵的零件明细栏

序号	名称	数量	材料	备注
1	泵体	1	HT150	
2	螺母M12	2	Q235	GB/T 6170—2000
3	垫圈	2	Q235	GB/T 97.1—1985
4	螺柱M12×40	2	Q235	GB/T 899—1988
5	柱塞	1	45	
6	填料压盖	1	ZHMn58-2-2	
7	填料	1	毛毡	
8	衬套	1	ZHMn58-2-2	
9	阀体	1	ZHMn58-2-2	
10	垫圈	1	橡胶	
11	螺母盖	1	ZHMn58-2-2	
12	垫圈	1	橡胶	
13	上阀瓣	1	ZHMn58-2-2	
14	下阀瓣	1	ZHMn58-2-2	

注：① ZHMn58-2-2为铸造黄铜，强度高，耐磨性好，铸造性好。
② Q235为碳素结构钢，塑性较高，强度较低，焊接性好，常用于制造螺柱、螺母、垫圈等零件。
③ HT150为灰铸铁，承受中等应力的零件，用于制造阀体等零件。

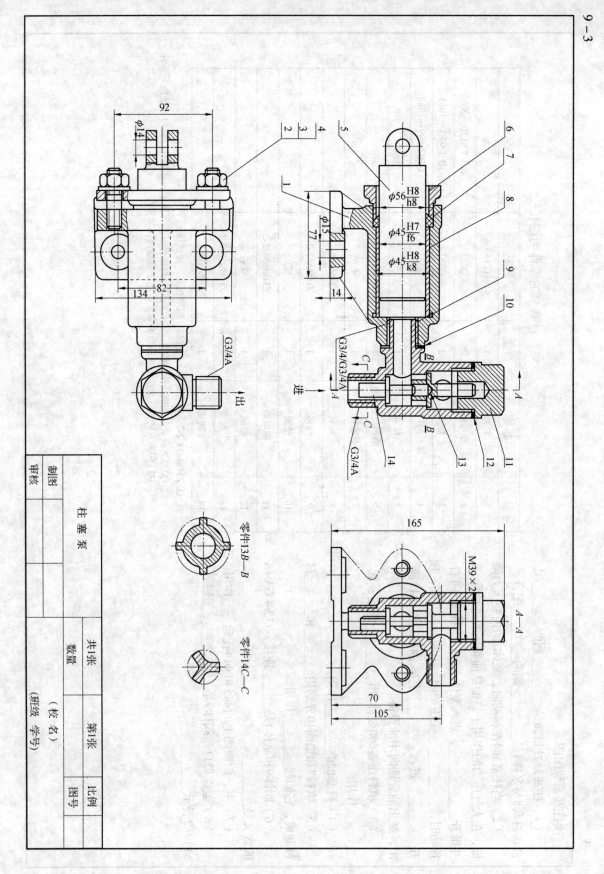

柱塞泵

| 制图 | | | | | | |
| 审核 | | | | | | |

零件13B—B

零件14C—C

	共1张	第1张	比例
	数量		图号
		（校名）	
		（班级 学号）	

10－1

(1)作展开图。

作展开图。

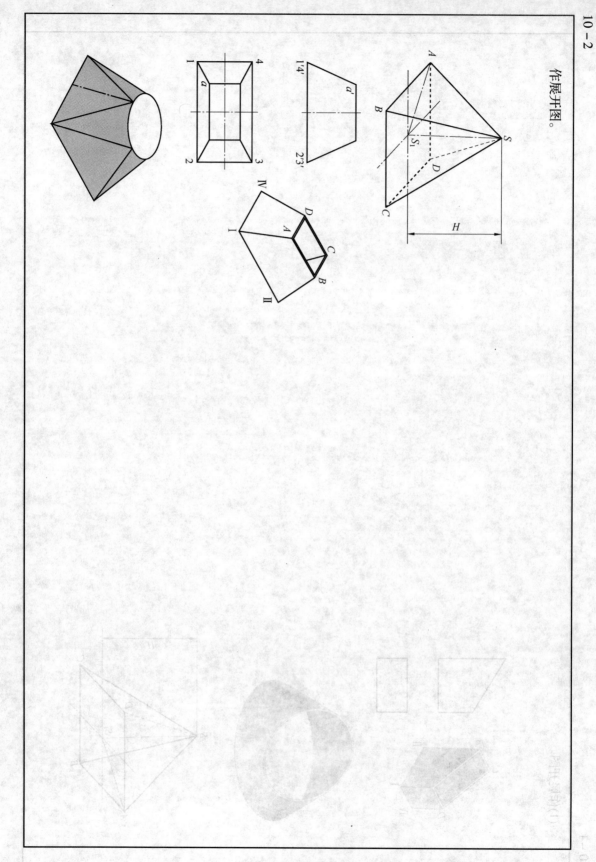

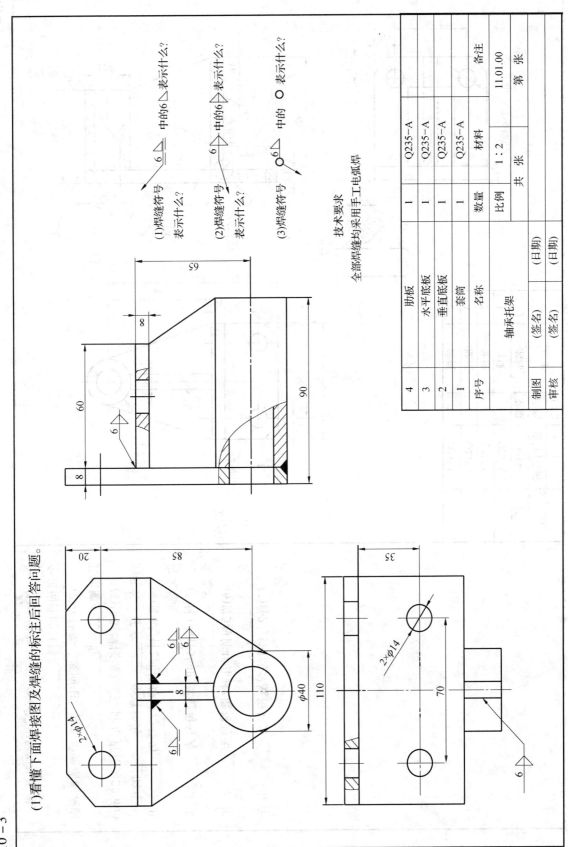

（1）看懂下面焊接图及焊缝的标注后回答问题。

（1）焊缝符号
表示什么？

（2）焊缝符号
表示什么？

（3）焊缝符号 ○ 表示什么？

技术要求
全部焊缝均采用手工电弧焊

4	肋板	1	Q235－A	
3	水平底板	1	Q235－A	
2	垂直底板	1	Q235－A	
1	套筒	1	Q235－A	
序号	名称	数量	材料	备注
	轴承托架	比例	1：2	11.01.00
		共　张		第　张
制图	（签名）	（日期）		
审核	（签名）	（日期）		

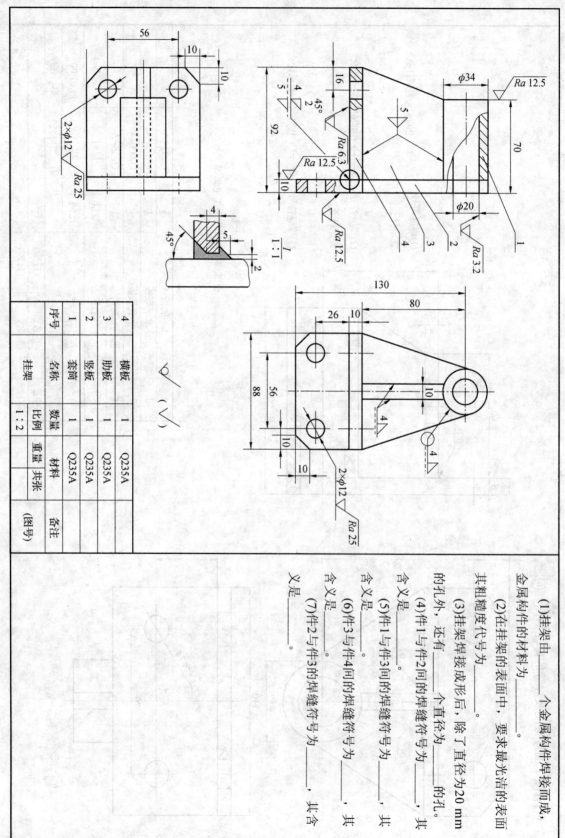

10－4

(1)分别用第一角画法和第三角画法绘制下图

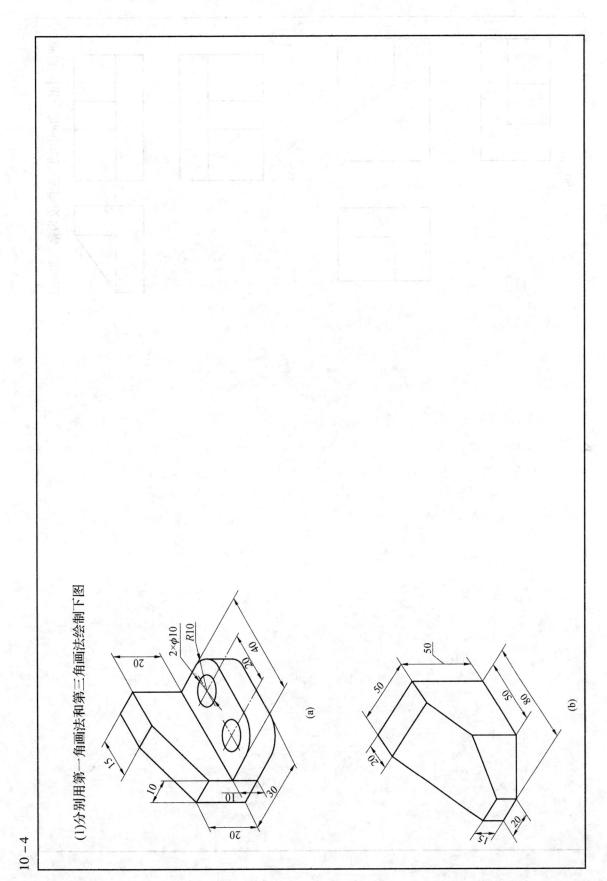

(a)

(b)

10－4

(2)把下列第一角画法的三视图改为第三角画法。

(a)

(b)